陕西省"十四五"职业教育规划教材

高等职业教育机电类专业系列教材

钳工实训指导教程

主　编　郭　力

副主编　贾健宏

参　编　屠宏刚

主　审　修学强　史朝辉

机械工业出版社

本书依据"钳工实训"课程的主要教学内容和要求，结合目前高职院校普遍推行的"双证书"制度，参照相关钳工国家职业标准编写。

本书包括7章，介绍了钳工概述，以及划线、锉削加工、锯削加工、錾削加工、孔加工及螺纹加工等钳工基本操作技能，并为各操作技能提供了技能训练项目。本书附录收录有工具钳工中级工的部分国家职业标准和理论与实操试卷。

本书可以作为高职院校装备制造类专业学生的钳工实训教材，也可以作为企业的职业技术培训教材或相关专业技术人员的参考用书。

本书配有电子课件，凡使用本书作教材的教师可登录机械工业出版社教育服务网（http://www.cmpedu.com），注册后免费下载。咨询电话：010-88379375。

本书配有钳工操作的实操录像，读者可扫描相应的二维码观看学习。

陕西省"十四五"职业教育规划教材编号 GZZK 2023-1-056。

图书在版编目（CIP）数据

钳工实训指导教程/郭力主编. —北京：机械工业出版社，2020.7
（2025.2重印）
高等职业教育机电类专业系列教材
ISBN 978-7-111-65741-5

Ⅰ.①钳… Ⅱ.①郭… Ⅲ.①钳工-高等职业教育-教材 Ⅳ.①TG9

中国版本图书馆 CIP 数据核字（2020）第 091846 号

机械工业出版社（北京市百万庄大街22号 邮政编码100037）
策划编辑：王英杰 责任编辑：王英杰
责任校对：王 欣 封面设计：张 静
责任印制：邓 博
北京盛通数码印刷有限公司印刷
2025 年 2 月第 1 版第 11 次印刷
184mm×260mm · 6.75 印张 · 164 千字
标准书号：ISBN 978-7-111-65741-5
定价：25.00 元

电话服务　　　　　　　　　网络服务
客服电话：010-88361066　　机 工 官 网：www.cmpbook.com
　　　　　010-88379833　　机 工 官 博：weibo.com/cmp1952
　　　　　010-68326294　　金 书 网：www.golden-book.com
封底无防伪标均为盗版　　机工教育服务网：www.cmpedu.com

前言

本书以培养装备制造类专业学生掌握钳工操作技能为目标,重点介绍钳工概述,以及划线、锉削加工、锯削加工、錾削加工、孔加工及螺纹加工等几种钳工基本操作技能。每个重点操作技能均配有技能训练项目。此外,本书在附录中收录有钳工中级工的部分国家职业标准和理论与实操试卷。本书可以用于高等职业院校装备制造类专业学生的钳工技能的实训教学,也有助于学生和企业人员通过学习获取钳工中级工证书,实用性较强。

钳工实训课程强调学生的动手操作能力,实践性很强,教材内容应方便学生自学。根据编者多年的钳工实训教学及中级工培训教学的经验与总结,按本书内容教学,可使学生在2周的实训教学时间内,初步掌握钳工技术的各项基本技能,为后续课程学习及就业打下基础。

与同类教材相比,本书主要特色如下:

1) 便于学生自学。本书的每个章节都包含有实操理论知识点和技能训练两部分内容。实操理论知识点包括各操作技能相关的理论知识和对应的技能的操作要点和方法,便于学生在实训过程中和实训课程外对于不懂的内容进行学习。

2) 理实一体,工学结合。本书的编写借鉴了当前先进职业教育理念,从钳工实训课程教学实际出发,便于在实际的教学中实施理实一体化教学。

3) 图文并茂,通俗易懂。本书力求图文并茂、易学易懂,在钳工实训教学过程中能使教师用得顺手,学生看得明白。

4) 内容系统。钳工教学的目的是使学生掌握钳工的基本操作技能。本书将钳工工作涉及的各项操作技能系统化,使学生能够较为全面地学习和掌握。

本书由陕西国防工业职业技术学院郭力任主编,编写了第2~4章、第6章、第7章及附录部分;由陕西国防工业职业技术学院贾建宏任副主编,编写了第1章;陕西国防工业职业技术学院屠宏刚参加了编写,编写了第5章。本书由陕西国防工业职业技术学院修学强、史朝辉担任主审。本书的编写还得到了西安钧诚精密制造有限公司的倾力帮助和支持,在此深表感谢。

由于时间及编写人员水平所限,书中难免有不妥之处,敬请读者批评指正。

编　者

二维码清单

名　　称	图　形	名　　称	图　形
1.1　钳工工艺范围		1.2　钳工安全操作规则	
1.3　钳工的主要设备		1.4　钳工常用量具	
2.1　划线工具及其使用		2.2　立体划线实例	
3.1　锉削和锉刀		3.2　常见结构锉削方法	
4.1　锯削和手锯		4.2　常见工件的锯削操作	
5.1　錾削和錾子		5.2　常见结构錾削方法	
6.1　钻孔		6.2　锪孔	
6.3　铰孔		7.1　攻螺纹	
7.2　套螺纹			

目录

第1章

钳 工 概 述

学习目标

1. 熟知钳工的主要任务、工作场地及常用设备。

2. 理解钳工常用设备的使用场合及注意问题。

3. 掌握钳工常用量具等使用方法、测量读数及保养方法。

机器设备都是由若干部件或零件组成的，而大多数零件是用金属材料制成的。随着科学技术的发展，一部分机器零件已经能用精密铸造或冷挤压等方法制造，但绝大多数零件还是要进行金属切削加工的。通常是把原材料经过铸造、锻造、焊接等加工方法先制成毛坯，然后经过车、铣、刨、磨、钳、热处理等加工制成零件，最后将零件装配成机器。因此，一台机器设备的产生，需要许多工种的相互配合来完成。一般的机械制造厂都有铸工、锻工、焊工、车工、铣工、刨工、磨工、钳工和热处理工等多个工种。

1.1 钳工的主要任务

钳工大多是用手工工具并经常在台虎钳上进行手工操作的一个工种。钳　钳工工艺范围
工的主要任务如下：

1. 加工零件

一些采用机械加工方法不适宜或不能解决的加工，都可由钳工来完成。如零件加工过程中的划线、精密加工（如刮削、研磨、锉削样板和制作模具等）以及检验和修配等。

2. 装配

把零件按机械设备的装配技术要求进行组件、部件装配和总装配，并经过调整、检验和试车等，使之成为合格的机械设备。

3. 设备维修

当机械设备因在使用过程中产生故障、出现损坏或长期使用后精度降低而影响使用时，也要通过钳工进行维护和修理。

4. 工具的制造和修理

制造和修理各种工具、夹具、量具、模具及各种专用设备。

随着机械制造行业的日益发展及数控设备的不断普及，许多精度高、形状复杂零件的加工已经可以通过机床直接完成，但是设备安装调试和维修是机械难以完成的，这些工作仍需

钳工的精湛技艺去完成。因此，钳工是机械制造业中不可缺少的工种。作为钳工，必须掌握划线、錾削、锯削、锉削、钻孔、扩孔、锪孔、铰孔、攻螺纹、套螺纹、校直与弯曲（矫正与弯形）、铆接、刮削、研磨、机器装配调试、设备维修、测量和简单热处理等各项基本操作技能。

1.2 钳工工作场地及常用设备

钳工安全操作规则

1.2.1 钳工工作场地

钳工工作场地是钳工的固定工作地点。钳工工作场地应有完善的设备且应布局合理，这是钳工操作的基本条件，也是安全文明生产的要求，同时也是提高劳动生产率和产品质量的重要保证。

1. 合理布置主要设备

应将钳工工作台安置在便于工作和光线适宜的位置，钳台之间的距离应适当，钳台上应安装安全网。钻床应安装在工作场地的边缘，砂轮机安装在安全可靠的地方，最好与工作间隔离开，以保证使用的安全。

2. 毛坯件和工件应分别放置

毛坯件和工件应分别放置在料架上或规定的地点，排列整齐平稳，以保证安全，便于取放，避免已加工面被磕碰，同时又不要影响操作者的工作。

3. 合理摆放工具、夹具、量具

常用工具、夹具、量具应放在工作位置的近处，便于随时拿取。工具、量具不得混放一起。量具用后应放在量具盒里。工具用完后，应整齐地放在工具箱内，不得随意堆放，以免发生损坏、丢失及取用不便。

4. 工作场地应保持整洁

工作结束后，应将工（量）具清点，放回工（量）具箱，擦拭钳台和设备，清理场地的切屑及油污。

1.2.2 钳工常用设备

1. 钳工工作台

钳工工作台是钳工专用的工作台。如图1-1所示，钳工工作台台面上装 钳工的主要设备有台虎钳、安全网，也可放置平板、钳工工具、工件和图样等。

钳工工作台多为铁木结构，台面上铺有一层软橡胶，其高度一般为800～900mm，长度和宽度可根据工作需要而定。台虎钳在钳工台上安装后的钳口高度位置如图1-2所示，一般多以钳口高度恰好等于人的手肘高度为宜。

2. 台虎钳

台虎钳由两个紧固螺栓固定在钳台上，用来夹持工件。其规格以钳口的宽度来表示，常用的有100mm、125mm、150mm等。

台虎钳有固定式和回转式两种，如图1-3所示。后者使用较方便，应用较广，它由活动

图1-1　钳工工作台

图1-2　钳口高度

钳身、固定钳身、丝杠、螺母、夹紧盘和转盘座等主要部分组成。

a) 固定式　　　　　　　　b) 回转式

图1-3　台虎钳

1—活动钳身　2—固定钳身　3—螺母　4—短手柄　5—夹紧盘　6—转盘座　7—长手柄　8—丝杠

操作时，顺时针转动长手柄7，可使丝杠8在螺母3中旋转，并带动活动钳身1向内移动，将工件夹紧；当逆时针旋转长手柄7时，可使活动钳身向外移动，将工件松开。

固定钳身2装在转盘座6上，并能绕转盘座轴线转动，当转到要求的方向时，扳动短手柄4使夹紧螺钉旋紧，便可将台虎钳整体锁紧在钳台上。

使用台虎钳时应注意以下几点：

1）安装台虎钳时，一定要使固定钳身的钳口工作面露出钳台的边缘，以方便夹持长条形工件。此外，固定台虎钳时螺钉必须拧紧，钳身工作时不能松动，以免损坏台虎钳或影响加工质量。

2）在台虎钳上夹持工件时，只允许依靠手臂的力量来扳动手柄，决不允许用锤子敲击手柄或用管子接长手柄夹紧，以免损坏台虎钳。

3）在台虎钳上进行錾削等强力作业时，应使作用力朝向固定钳身。

4）台虎钳的砧座上可用锤子轻击作业，不能在活动钳身上进行敲击作业。

5）丝杠、螺母和其他配合表面应保持清洁，并加油润滑，以使操作省力，防止生锈。

3. 砂轮机

砂轮机可用来刃磨錾子、钻头、刀具及其他工具，也可用来磨去工件或材料上的毛刺、锐边或多余部分等。如图 1-4 所示，砂轮机主要由砂轮、电动机、防护罩、托架和砂轮机座等组成。

砂轮由磨料与黏结剂等黏结而成，质地硬而脆，工作时转速较高，易产生砂轮碎裂的伤人事故。因此，使用砂轮机时应注意以下几点：

1）砂轮的旋转方向应正确，要与砂轮罩上的箭头方向一致，使磨屑向下方飞离砂轮与工件。

2）砂轮起动后，要稍等片刻，待砂轮转速进入正常状态后再进行磨削。

3）严禁站立在砂轮的正面操作。操作者应站在砂轮的侧面，以防砂轮片飞出伤人。

4）磨削刀具或工件时，不能对砂轮施加过大的压力，并严禁刀具或工件对砂轮产生冲击，以免砂轮碎裂。

图 1-4　砂轮机
1—砂轮　2—电动机　3—防护罩
4—托架　5—砂轮机座

5）砂轮机的托架与砂轮间的距离应保持在 3mm 以内。若间距过大，则容易将刀具或工件挤入砂轮与托架之间，造成事故。

6）砂轮正常旋转时应平稳、无振动。砂轮外缘跳动较大致使砂轮机产生振动时，应停止使用，修整砂轮。

1.3　钳工常用量具

为了保证零件和产品的质量，必须用测量器具对其进行测量。可单独或与其他装置一起使用，用以确定几何量值的器具称为几何量测量器具（简称"测量器具"）。几何量测量器具的种类很多，根据其特点和用途可分为长度测量器具、角度测量器具、几何误差测量器具、表面结构质量测量器具、齿轮测量器具、螺纹测量器具以及其他测量器具等多种类型。下面主要介绍钳工常用的部分测量器具。

钳工常用量具

1.3.1　游标卡尺

游标卡尺是一种中等精度的量具，可以直接量出工件的外径、孔径、长度、宽度、深度和孔距等尺寸。

1. 游标卡尺的结构

图 1-5 所示为常用游标卡尺的结构形式。它由尺身、游标、制动螺钉、内测量爪和外测量爪五部分组成。游标卡尺可分为 1/10、1/20 和 1/50 三种，对应的分度值分别是 0.1mm、0.05mm 和 0.02mm。一般常用 1/50 的游标卡尺。

游标卡尺上的外测量爪可用来测量外径和长度尺寸，内测量爪用来测量内径尺寸，尾部伸出的测杆可用来测量深度。使用时松开螺钉，推动游标在尺身上移动，通过两个量爪卡住被测量零件，通过读取卡尺上的数值来确定测量的尺寸。

图 1-5　游标卡尺的结构形式

1—外测量爪　2—尺身　3—游标　4—制动螺钉　5—内测量爪

2. 游标卡尺的刻线原理和读法

图 1-6 所示为 1/50 游标卡尺刻线原理。尺身上每小格为 1mm，当两量爪合并时，游标上的 50 格刚好与尺身上的 49mm 对正。尺身与游标每格之差为：1mm−49mm/50 = 0.02mm，此差值即为 1/50 游标卡尺的分度值。

如图 1-7 所示，用游标卡尺测量工件时，读数方法可分为以下三个步骤：

1）读出游标上零线左侧尺身的毫米整数。

2）找出游标上哪一条刻线与尺身刻线对齐（第一条零线不算，第二条起每格算 0.02mm）并读出数据。

3）把尺身和游标上的尺寸加起来即为测得尺寸。

图 1-6　1/50 游标卡尺刻线原理

27mm+0.94mm=27.94mm　　21mm+0.5mm=21.5mm

图 1-7　1/50 游标卡尺的读数方法

测量工件尺寸时，应按工件的尺寸大小和尺寸精度要求选用量具。游标卡尺只适用于中等精度（IT10～IT16）尺寸的测量和检验。不能用游标卡尺去测量铸锻件等毛坯的尺寸，因为这样容易使量具很快磨损而失去精度；也不能用游标卡尺去测量精度要求高的工件，因为游标卡尺存在一定的示值误差。由表 1-1 可知，1/50 游标卡尺的示值总误差为 ±0.02mm，因此不能测量精度较高的工件尺寸。

表 1-1　游标卡尺的示值总误差　　　　　　　　　　　　（单位：mm）

分度值	示值总误差
0.02	±0.02
0.05	±0.05

如果条件所限，只能用游标卡尺测量精度要求高的工件时，就必须先用量块校对卡尺，了解误差数值，在测量时要把误差考虑进去。

除了图 1-5 所示的普通游标卡尺外，还有游标深度卡尺、游标高度卡尺和游标齿厚卡尺等。其刻线原理和读数方法与普通游标卡尺相同。

1.3.2 千分尺

千分尺是一种精密量具，它的测量精度比游标卡尺高，而且比较灵敏。因此，对于加工精度要求较高的工件尺寸，要用千分尺来测量。

1. 千分尺的结构

千分尺的结构如图 1-8 所示。图中 1 是尺架，尺架的左端有砧座 3，右端是表面有刻线的固定套管 2，里面是带有内螺纹（螺距 0.5mm）的衬套 7，测微螺杆 6 右面的螺纹可沿此内螺纹回转，并用轴套 4 定心。在固定套管 2 的外面是有刻线的微分筒 9，它用锥孔与测微螺杆 6 右端锥体相连。转动手柄 5，通过偏心锁紧可使测微螺杆 6 固定不动。松开罩壳 10，可使测微螺杆 6 与微分筒 9 分离，以便调整零线位置。棘轮盘 13 用螺钉 8 与罩壳 10 连接，转动棘轮盘 13，测微螺杆 6 就会移动。当测微螺杆 6 的左端面接触工件时，棘轮盘 13 中的棘轮在棘爪销 12 的斜面上打滑，测微螺杆 6 就停止前进。由于弹簧 11 的作用，使棘轮在棘爪销斜面滑动时发生吱吱声。如果棘轮盘 13 反方向转动，则拨动棘爪销 12、微分筒 9 转动，使测微螺杆 6 向右移动。

a)

b)

图 1-8 千分尺的结构

1—尺架 2—固定套管 3—砧座 4—轴套 5—手柄 6—测微螺杆 7—衬套

8—螺钉 9—微分筒 10—罩壳 11—弹簧 12—棘爪销 13—棘轮盘

2. 千分尺的刻线原理及读数方法

测微螺杆右端螺纹的螺距为 0.5mm，当微分筒转一周时，测微螺杆就移动 0.5mm。微分筒圆锥面上共刻有 50 格，因此微分筒每转一格，测微螺杆就移动 0.5mm/50＝0.01mm。

固定套管上刻有主尺刻线，每格 0.5mm。

在千分尺上读数的方法可分为以下三步：

1）读出微分筒边缘在固定套管主尺的毫米数和半毫米数。

2）看微分筒上哪一格与固定套管上基准线对齐，并读出不足半毫米的数值。

3）把两个读数加起来就是测得的实际尺寸。

图1-9所示为千分尺的读数方法。

3. 千分尺的测量范围和精度

千分尺的规格按测量范围分有0～25mm、25～50mm、50～75mm、75～100mm、100～125mm等。使用时按被测工件的尺寸选用。

千分尺的制造精度分为0级和1级两种，0级精度最高，1级稍差。千分尺的制造精度主要由它的示值误差和两测量面平行度误差的大小来决定。

4. 内径千分尺

内径千分尺用来测量内径及槽宽等尺寸，外形如图1-10所示。内径千分尺的刻线方向与千分尺的刻线方向相反。测量范围有5～30mm和25～50mm两种，其读数方法和测量精度与千分尺相同。

6mm+0.05mm=6.05mm   35.5mm+0.12mm=35.62mm

图1-9　千分尺的读数方法　　　　　　图1-10　内径千分尺

5. 其他千分尺

除了千分尺和内径千分尺外，还有深度千分尺、螺纹千分尺（用于测量螺纹中径）和公法线千分尺（用于测量齿轮公法线长度）等，其刻线原理和读数方法与千分尺相同。

1.3.3　百分表

百分表可用来检验机床精度和测量工件的尺寸误差和几何误差。

1. 百分表的结构

百分表的结构如图1-11所示：1是淬硬的触头，用螺纹旋入齿杆2的下端。齿杆的上端有齿。当齿杆上升时，带动齿数为16的小齿轮3。与小齿轮3同轴装有齿数为100的大齿轮4，再由这个齿轮带动中间的

图1-11　百分表的结构

1—触头　2—齿杆　3、5—小齿轮　4、7—大齿轮
6—长指针　8—短指针　9—表盘　10—表圈　11—拉簧

齿数为 10 的小齿轮 5。与小齿轮 5 同轴装有长指针 6，因此长指针就随着小齿轮 5 一起转动。在小齿轮 5 的另一边装有大齿轮 7，在其轴下端装有游丝，用来消除齿轮间的间隙，以保证其精度。该轴的上端装有短指针 8，用来记录长指针的转数（长指针转一周时短指针转一格）。拉簧 11 的作用是使齿杆 2 能回到原位。在表盘 9 上刻有线条，共分 100 格。转动表圈 10，可调整表盘刻线与长指针的相对位置。

2. 百分表的刻线原理

百分表内的齿杆和齿轮的周节是 0.625mm。当齿杆上升 16 齿时（即上升 0.625mm×16=10mm），16 齿小齿轮转一周，同时齿数为 100 的大齿轮也转一周，就带动齿数为 10 的小齿轮和长指针转 10 周，即齿杆移动 1mm 时，长指针转一周。由于表盘上共刻 100 格，因此长指针每转一格表示齿杆移动 0.01mm。

3. 内径百分表

内径百分表可用来测量孔径和孔的形状误差，对于测量深孔极为方便。

内径百分表的结构如图 1-12 所示。在测量头端部有可换触头 1 和量杆 2。测量内孔时，孔壁使量杆 2 向左移动而推动摆块 3，摆块 3 使杆 4 向上推动百分表触头 6，使百分表指针转动而指出示值。测量完毕时，在弹簧 5 的作用下，量杆回到原位。

通过更换可换触头 1，可改变内径百分表的测量范围。内径百分表的测量范围有 6~10mm、10~18mm、18~35mm、35~50mm、50~100mm、100~160mm、160~250mm 等。

内径百分表的示值误差较大，一般为 ±0.015mm。

1.3.4 游标万能角度尺

游标万能角度尺是用来测量工件内外角度的量具。按游标的分度值分为 2′ 和 5′ 两种，其示值误差分别为 ±2′ 和 ±5′，测量范围是 0°~320°。下面介绍分度值为 2′ 的游标万能角度尺的结构、刻线原理和读数方法。

图 1-12 内径百分表的结构
1—可换触头 2—量杆 3—摆块
4—杆 5—弹簧 6—触头

1. 游标万能角度尺的结构

如图 1-13 所示，游标万能角度尺由刻有角度刻线的尺身 1 和固定在扇形板 2 上的游标 3 组成。扇形板可以在尺身上回转移动，形成与游标卡尺相似的结构。直角尺 5 可用支架 4 固定在扇形板 2 上，直尺 6 用支架固定在直角尺 5 上。如果拆下直角尺 5，也可将直尺 6 固定在扇形板上。

2. 游标万能角度尺的刻线原理及读数方法

尺身刻线每格 1°，游标刻线是将尺身上 29° 所占的弧长等分为 30 格，即每格所对的角度为 29°/30。因此，游标 1 格与尺身 1 格相差：

$$1° - \frac{29°}{30} = \frac{1°}{30} = 2'$$

即游标万能角度尺的分度值为 2′。

图 1-13 游标万能角度尺的结构

1—尺身 2—扇形板 3—游标 4—支架 5—直角尺 6—直尺

3. 游标万能角度尺的使用方法

游标万能角度尺的读数方法和游标卡尺相似，先从尺身上读出游标零线前的整度数，再从游标上读出角度 " ' " 的数值，两者相加就是被测的角度数值。

4. 游标万能角度尺的测量范围

由于直尺和直角尺可以移动和拆换，因此游标万能角度尺可以测量 0°~320° 的任何角度，如图 1-14 所示。

1.3.5 塞尺

塞尺是具有准确厚度尺寸的单片或成组的薄片，用于检验间隙的实物量具。它有两个平行的测量平面，每套塞尺由若干片组成，如图 1-15 所示。测量时，用塞尺片直接塞入间隙，当一片或数片能塞进两贴合面之间，则一片或数片的厚度（可由每片上的标记值读出）即为两贴合面的间隙值。

图 1-16 所示为用塞尺配合直角尺检测工件垂直度的情况。塞尺可单片使用，也可多片叠起来使用，在满足所需尺寸的前提下，片数应越少越好。塞尺容易弯曲和折断，测量时不能用力太大，也不能用于测量温度较高的工件，用完后要擦拭干净，及时合到夹板中。

1.3.6 直角尺

直角尺用来检验工件相邻两个表面的垂直度。如图 1-17 所示，钳工常用的直角尺有宽座直角尺和样板直角尺两种。

用直角尺检验零件外角度时，使用直角尺的内边，如图 1-18a 所示；检验零件的内角度时，使用直角尺的外边，如图 1-18b 所示。

图 1-14 游标万能角度尺的测量范围

图 1-15 塞尺

图 1-16 用塞尺配合直角尺检测工件垂直度

a) 宽座直角尺   b) 样板直角尺

图 1-17 直角尺

a) 检验外角度   b) 检验内角度

图 1-18 直角尺检验零件

1.3.7 刀口尺

刀口尺具有一个刀口状的测量面,用于测量平面形状误差。其结构如图1-19所示,它是样板平尺中的一种,因它有圆弧半径为0.1~0.2mm的棱边,故可用漏光法或痕迹法检验直线度和平面度误差。它具有结构简单、操作方便、测量效率高等优点,是机械加工常用的测量器具。

图1-19 刀口尺的结构

用刀口尺测量平面度误差时,手握刀口尺的绝热护板,使刀口测量面轻轻地(凭刀口尺的自重)与工件被测表面垂直接触,采用透光法检查。如果刀口尺测量面与被测线之间透光均匀一致,说明该处较平直。如果透光不均匀或光隙较大时,可借助于塞尺试塞获取其间隙值。测量时应在纵向、横向、对角方向多处逐一进行测量,其最大直线度误差即为该测量面的平面度误差,如图1-20所示。

图1-20 用刀口尺测量平面度误差的方法

1.3.8 常用量具的维护和保养

为了保持测量器具的精度,延长其使用寿命,必须要注意测量器具的维护和保养。为此,应做到以下几点:

1)测量前应将测量器具的测量面擦洗干净,以免脏物存在而影响测量精度和加快测量器具的磨损。不能用精密测量器具测量粗糙的铸、锻毛坯或带有研磨剂的表面。

2)测量器具在使用过程中,不能与刀具、工具等堆放在一起,以免磕碰;也不要随便放在机床上,以免因机床振动使测量器具掉落而损坏。

3)测量器具不能当作其他工具使用,例如用千分尺当小锤子使用、用游标卡尺划线等都是错误的。

4)温度对测量结果的影响很大,精密测量一定要在20℃左右进行;一般测量可在室温下进行,但必须使工件和量具的温度一致。测量器具不能放在热源(电炉子、暖气设备)附近,以免因受热变形而失去精度。

5)不要把测量器具放在磁场附近,以免使其磁化。

6)发现精密测量器具有不正常现象(如表面不平、有毛刺、有锈斑、尺身弯曲变形、活动零部件不灵活等)时,使用者不要自行拆修,应及时送交计量部门检修。

7）测量器具应保持清洁。测量器具使用后应及时擦拭干净，并涂上防锈油放入专用盒内，存放在干燥处。

8）精密测量器具应定期送计量部门鉴定，以免其示值误差超差而影响测量结果。

思考与练习

1. 钳工的主要任务是什么？
2. 钳工的常用设备有哪些？使用时都要注意哪些问题？
3. 游标卡尺可以测量哪些尺寸？它的测量精度如何？
4. 试述千分尺的示值读取方法。
5. 百分表可以用在哪些场合？
6. 试述游标万能角度尺的测量范围。
7. 塞尺、直角尺、刀口尺是如何使用的？其测量范围有哪些？
8. 量具的维护保养要注意什么？

第2章

划　　线

学习目标

1. 熟知划线操作的基本概念、划线的作用和要求及划线前的相关准备工作。
2. 熟知划线工具的种类及使用方法。
3. 掌握划线基准的选择原则，会利用划线找正、借料原理进行划线操作。

2.1　划线概述

划线是指在毛坯或工件上，根据零件图样要求，用划线工具划出待加工部位的轮廓线或作为基准的点、线。划线分平面划线和立体划线两种。

2.1.1　平面划线

只需要在工件的一个表面上划线后即能明确表示加工界线的，称为平面划线，如图2-1所示。如在板料、条料表面上划线，在法兰盘端面上划钻孔加工线等都属于平面划线。

2.1.2　立体划线

在工件上几个互成不同角度（通常是互相垂直）的表面上划线，才能明确表示加工界线的，称为立体划线，如图2-2所示。如划出矩形块各表面的加工线以及支架、箱体等表面的加工线都属于立体划线。

图 2-1　平面划线

图 2-2　立体划线

2.2　划线的作用及要求

划线是机械加工的重要工序之一，广泛应用于单件和小批量生产，是钳工应该掌握的一项重要操作。划线的准确与否，直接影响产品的质量和生产率。

划线操作可以在毛坯表面上进行，也可以在已加工过的表面上进行，如在加工后的平面上划出钻孔的加工线。

1. 划线的作用

1）确定工件表面的加工余量、确定孔的位置或划出加工位置的找正线，给机械加工以明确的标志和依据。

2）检查毛坯外形尺寸是否合乎要求。对于加工余量小的毛坯，通过划线可以以多补少，免于报废，误差大而无法补救的毛坯，也可通过划线及时发现，以避免继续加工，浪费机械加工工时。

3）采用借料划线可以使误差不大的毛坯得到补救，使加工后的零件仍能符合要求。

2. 划线的要求

划线除要求划出的线条清晰均匀外，最重要的是保证尺寸准确。在立体划线中还应注意使长、宽、高三个方向的线条互相垂直。当划线发生错误或准确度太低时，就有可能造成工件报废。由于划出的线条总有一定的宽度，以及在使用划线工具和测量调整尺寸时难免产生误差，因此不可能绝对准确。一般的划线精度能达到 0.25~0.5mm。因此，为了确保零件加工符合图样要求，加工过程中要及时测量其加工表面的精度。

2.3　划线前的准备工作

划线的质量将直接影响工件的加工质量，为了使划线工作能顺利进行，在划线前必须认真做好工件和工具的准备工作。

2.3.1　工件的准备

工件的准备工作包括工件的清理、检查和表面涂色。必要时在工件孔中安置中心塞块。

1. 工件的清理

将准备加工的工件表面清理干净。若待加工件为铸件，需要清除铸件上的型砂、冒口、浇口和毛边；若待加工件为锻件，需要清除掉锻件上的飞边和氧化皮。清理的目的是便于工件的检查和涂色，并有利于划线和保护划线工具。

2. 工件的检查

工件清理后进行工件检查，目的是为了发现毛坯上的裂缝、夹渣、缩孔以及形状和尺寸等方面的缺陷。

3. 工件的表面涂色

为了使划出的线条清晰可见，在工件表面上应先涂上一层薄而均匀的涂料。常用的涂料有白灰浆、紫溶液和硫酸铜等。

4. 在工件孔中安置中心塞块

划线时为了在带孔的工件上找出孔的中心，便于用圆规划圆，在孔中要装置中心塞块，常用的中心塞块如图 2-3 所示。

图 2-3 划中心线用的塞块

2.3.2 工具的准备

划线前应按工件图样要求合理选择所需工具，并检查和校验工具。若有缺陷，要进行调整和修理，以免影响划线质量。

2.4 划线工具

划线工具及其使用

2.4.1 划线平台

如图 2-4 所示，划线平台由铸铁制成，工作表面经过精刨或刮削加工，作为划线时的基准平面。其作用是用来安放工件和划线工具并在其工作表面上完成划线及检测过程。放置时应使平台工作表面处于水平状态。

划线平台工作表面应经常保持清洁，工件和工具在平台上都要轻拿轻放，不可损伤其工作表面，用后要擦拭干净，并涂上机油防锈。

图 2-4 划线平台

2.4.2 划针

划针用来在工件上划线或找正工件位置。一般划针的直头端用来划线，弯头端用来找正工件位置。划针由弹簧钢丝或高速工具钢制成，直径一般为 2~5mm，尖端磨成 15°~20° 的尖角，并经热处理淬火使其硬化。有的划针在尖端部位焊有硬质合金，耐磨性更好。划针的外观及尖端形状如图 2-5 所示。

用钢直尺和划针划连接两点的直线时，应先用划针和钢直尺定好一点的划线位置，然后调整钢直尺对准另一点的划线位置，再划出两点的连接直线。划线时的针尖要紧靠导向钢直尺的边缘，上部向外倾斜 15°~20°，向划针移动方向倾斜 45°~75°，如图 2-6 所示。针尖要

图 2-5 划针的外观及尖端形状

保持尖锐，划线要尽量一次划成，划出的线条要既清晰又准确。

图 2-6 划针用法

2.4.3 划线盘

如图 2-7 所示，划线盘通常用来在划线平台上对工件进行划线或找正工件在平台上的正确安放位置。划线盘上划针的直头端用来划线，弯头端用于找正工件的安放位置。

采用划线盘进行划线时，划针应尽量处于水平位置，不要倾斜太大，划针伸出部分应尽量短些，并要牢固地夹紧以免划线时产生振动和引起尺寸变动。划线盘在移动时，底座底平面始终要与划线平台平面贴紧，划针与工件划线表面之间沿划线方向应保持 40°~60° 夹角，以减小划线阻力。划线盘用毕后应使划针处于直立状态，以保证安全和减少所占空间。

图 2-7 划线盘

2.4.4 高度尺

图 2-8a 所示为普通高度尺，由钢直尺和尺座组成，用来给划线盘量取高度尺寸。图 2-8b 所示为游标高度卡尺，可用来在平台上划线或测量工件高度。它一般附有带硬质合金的划线脚，能直接表示出高度尺寸，其示值精度一般为 0.02mm，可作为精密划线工具。

游标高度卡尺的使用注意要点：

1) 在划线方向上，划线脚与工件划线表面之间应成 45° 左右的夹角，以减小划线阻力。

2) 游标高度卡尺底面与平台接触面应贴实。

3) 游标高度卡尺一般不能用于粗糙毛坯的划线。

4) 用完后应擦净，涂油装盒保管。

a) 普通高度尺   b) 游标高度卡尺

图 2-8   高度尺

2.4.5   划规

划规用来划圆和圆弧、等分线段、等分角度以及量取尺寸等。

划规的使用方法如图 2-9 所示，划规两脚的长短可磨得稍有不同，两脚合拢时脚尖能靠紧。划规的脚尖应保持尖锐，以保证划出的线条清晰。用划规划圆时，应把压力加在作为旋转中心的那个脚上。

2.4.6   样冲

样冲是用来在已划好的线上打上样冲眼，这样，当所划的线模糊后，仍能找到原线的位置。用划规划圆和定钻孔中心时，需先打样冲眼。样冲用工具钢制成并淬硬，工厂中常用废丝锥、铰刀等改制，如图 2-10 所示。

图 2-9   划规的使用方法

如图 2-11 所示，先将样冲外倾使尖端对准线或线条交点，然后再将样冲立直冲眼。

图 2-10   样冲   图 2-11   样冲的使用方法

2.4.7　方箱

　　方箱是用铸铁制成的空心立方体，六面都经过加工，互成直角，如图 2-12 所示。方箱用于夹持较小的工件，通过翻转方箱便可在工件上划出垂直线。方箱上的 V 形槽用来安装圆柱形工件，以便找中心或划线。

图 2-12　方箱

2.4.8　V 形铁

　　V 形铁用钢或铸铁制成，如图 2-13 所示。它主要用于放置圆柱形工件，以便找中心和划出中心线。通常 V 形铁是一副两块，两块 V 形铁的平面、V 形槽是在一次安装中磨出的，因此在使用时不必调节高低。精密的 V 形铁各相邻平面均互相垂直，故也可作为方箱使用。

2.4.9　千斤顶

　　对较大毛坯件划线时，常用 3 个千斤顶（图 2-14）把工件支撑起来，利用千斤顶的高度调节功能来调整工件在空间的位置，以便找正工件的理想位置。

图 2-13　V 形铁　　　　　　　　　　　　图 2-14　千斤顶

2.4.10　直角尺

　　直角尺在划线时常用作划平行线或垂直线的导向工具，也可用来找正工件平面在划线平台上的垂直位置。直角尺的使用方法如图 2-15 所示。

图 2-15　直角尺的使用方法

2.5　划线基准的选择

　　基准是指图样（或工件）上用来确定生产对象上几何要素间的几何关系所依据的那些点、线、面。设计时，在图样上所采用的基准，称为设计基准。划线时，在工件上所采用的基准，称为划线基准。

　　划线时应从划线基准开始。划线基准选择的基本原则是应尽可能使划线基准与设计基准相一致。划线基准一般有以下三种选择类型：

　　1）以两个互相垂直的平面（或直线）为基准，如图 2-16a 所示。

　　2）以两条互相垂直的中心线为基准，如图 2-16b 所示。

　　3）以一个平面和一条中心线为基准，如图 2-16c 所示。

　　划线时在工件的每一个方向都需要选择一个划线基准。因此，平面划线一般要选择两个划线基准；立体划线一般要选择三个划线基准。

a) 以两个互相垂直的平面为基准

b) 以两条互相垂直的中心线为基准

图 2-16　划线基准选择

c) 以一个平面和一条中心线为基准

图 2-16 划线基准选择（续）

2.6 划线时的找正和借料

各种铸、锻件由于某些原因，会形成形状歪斜、偏心、各部分壁厚不均匀等缺陷。当几何误差不大时，可通过划线找正和借料的方法来补救。

2.6.1 找正

对于毛坯工件，划线前一般要先做好找正工作。找正就是利用划线工具使工件上有关的表面与基准面（如划线平板）之间处于合适的位置。找正时应注意：

1）当工件上有不加工表面时，应按不加工表面找正后再划线，这样可使加工表面与不加工表面之间尺寸均匀。如图 2-17 所示的轴承架毛坯，内孔和外圆不同心，底面和 A 面不平行，划线前应进行找正。在划内孔加工线之前，应先以外圆（不加工）为找正依据，用单脚规找出其中心，然后以求出的中心为基准划出内孔的加工线，这样内孔和外圆就可以达到同心要求。在划轴承座底面加工线之前，应以 A 面（不加工）为依据，用划线盘找正成水平位置，然后划出底面加工线，这样底座各处的厚度就比较均匀。

图 2-17 毛坯工件的找正

2）当工件上有两个以上的不加工表面时，应选择重要的或较大的表面为找正依据，并兼顾其他不加工表面，这样可使划线后的加工表面与不加工表面之间尺寸比较均匀，而使误差集中到次要或不明显的部位。

3）当工件上没有不加工表面时，通过对各加工表面自身位置的找正后再划线，可使各加工表面的加工余量得到合理分配，避免加工余量相差较大。

2.6.2 借料

当工件上的误差或缺陷用找正的划线方法不能补救时，可采用借料的方法来解决。借料就是通过试划和调整，将各加工表面的加工余量合理分配，互相借用，从而保证各加工表面都有足够的加工余量，而误差或缺陷可在加工后排除。借料的一般步骤是：

1）测量工件的误差情况，找出偏移部位和测出偏移量。

2）确定借料方向和大小，合理分配各部位的加工余量，划出基准线。

3）以基准线为依据，按图样要求，依次划出其余各线。

例 2-1 图 2-18 所示为套筒的锻造毛坯，其内、外圆都要进行加工。图 2-18a 所示为合格毛坯的划线。如果锻造毛坯的内、外圆偏心量较大，以外圆为准找正划内孔加工线时，会造成内孔的加工余量不足，如图 2-18b 所示；以内孔为准找正划外圆加工线时，则会造成外圆的加工余量不足，如图 2-18c 所示。只有将内孔、外圆同时兼顾，采用借料的方法才能使内孔和外圆都有足够的加工余量，如图 2-18d 所示。

划线

a) 合格毛坯划线   b) 以外圆找正   c) 以内孔找正   d) 借料划线

图 2-18 套筒的划线

例 2-2 某轴承架的尺寸要求如图 2-19a 所示。铸造后的毛坯，若其内孔出现了图 2-19b 所示的偏心，即该铸件毛坯上 $\phi40mm$ 孔的中心向下偏移了 6mm，如何对其进行划线？

解： 1）按一般划线，因孔偏移量较大，轴承架底面已没有加工余量，所以须进行借料。

a) 轴承架   b) 借料划线

图 2-19 轴承架划线

2）把 $\phi40\text{mm}$ 孔的中心线向上移动（即借用） 4mm，如图 2-19b 所示。这样，$\phi60\text{mm}$

孔的最小加工余量为：$\dfrac{60-40}{2}\text{mm}-4\text{mm}=6\text{mm}$，底面的加工余量为 4mm，加工余量合理借用

且余量充足，从而使该铸件得到补救。

立体划线实例

2.7 技能训练

2.7.1 任务要求

根据图 2-20 的要求进行工件的划线。

图 2-20 锤子的零件图

2.7.2 任务分析

本章节的任务主要是学习划线技能，学会不同划线工具的使用方法，掌握较复杂图线的划线方法并能达到一定的精度要求。图中，$R8\text{mm}$、$R12\text{mm}$ 相切圆弧的划线难度较大。

通过整个划线工作的实施，学生可学会观察图样，并能进行基本的分析，制订合理的划线工艺流程；学会运用正确的工具进行正确的操作，能达到技术要求并掌握划线技能；同时，培养学生自主分析、独立动手的能力，达到预期的教学目的。

1. 零件图分析

从零件图中可以看出，零件长度方向上的尺寸标注基准为右侧面，长度为 112mm。高度方向的尺寸基准为底面，高度为 20mm。图中 $R8\text{mm}$、$R12\text{mm}$ 的圆弧相切。

2. 工作任务

划线工作任务见表 2-1。

表 2-1 划线工作任务

序号	具体工作任务	序号	具体工作任务
1	划腰形孔	3	划斜面
2	划 $R8\text{mm}$、$R12\text{mm}$ 圆弧	4	划倒角线

2.7.3 任务准备

1. 资源要求

1）钳工实训中心（钳工工作台：1人/台）。

2）工艺装备。

① 工具：划针、划规、样冲、锤子、游标高度卡尺等。

② 量具：钢直尺、游标卡尺。

2. 材料准备

每名同学备料一块，尺寸为 114mm×20mm×20mm，材料为 HT200。

2.7.4 任务实施

1. 划线的步骤

1）倒角部分的划线。R3.5mm 的圆弧线不用划，由小圆锉加工形成，但要划出小圆弧加工界线。倒角的划线步骤如图 2-21 和图 2-22 所示。图 2-23 所示为划柄部高度尺寸。

2）腰形孔的划线。腰形孔划线的关键是中心线要划准，如图 2-24 所示。划出 R6mm 的圆弧中心线以及尺寸线，如图 2-25 和图 2-26 所示。

图 2-21 倒角部分的划线 1　　　　　　　　图 2-22 倒角部分的划线 2

图 2-23 划柄部高度尺寸　　　　　　　　图 2-24 划中心线

分别调节到
35mm、45mm

图 2-25　划 R6mm 圆弧中心线

R6

图 2-26　划 R6mm 腰形孔尺寸线

3）斜面与圆弧面的划线。R12mm 的圆心在工件以外，因此要借另外一块料来进行划线，如图 2-27～图 2-29 所示。

图 2-27　借料划线 1

图 2-28　借料划线 2

图 2-29　借料划线圆弧

注意：腰形孔与圆弧要划在相邻的两个面上。

4）任务完成。完成效果如图 2-30 所示。

2. 划线操作要点

划线前的准备工作：

1）工件准备，包括工件的清理、检查和表面涂色。

2）工具准备，按工件图样的要求选择所需工具，并检查和校验工具。

3. 划线注意事项

1）看懂图样，了解零件的作用，分析零件的加工顺序和加工方法。

图 2-30　划线完成效果

2）工件夹持或支承要稳妥，以防其滑倒或移动。

3）在一次支承中应将要划出的平行线全部划全，以免再次支承补划造成误差。

4）正确使用划线工具，划出的线条要准确、清晰。

5）划线完成后，要反复核对尺寸，才能进行机械加工。

2.7.5　任务评价

1. 划线质量评价（表 2-2）

表 2-2　划线质量评价

序号	项目	质量检测内容	配分	评分标准	实测结果	得分
1	线条	清晰程度	5	酌情扣分		
		均匀性	5	酌情扣分		
2	公差	尺寸误差不大于 0.5mm	10	酌情扣分		
3	样冲眼	中心线位置是否准确	10	不符合要求不得分		
		冲眼大小及均匀性	10	不符合要求不得分		
4	圆弧	与圆弧是否光滑连接	10	不符合要求不得分		
		与直线是否光滑连接	10	不符合要求不得分		
		总得分				

2. 划线任务评价（表 2-3）

表 2-3　划线任务评价

序号	考核项目	质量检测内容	配分	评分标准	评价结果	得分
1	加工准备（15分）	工具、量具清单完整	5	缺1项扣1分		
		工服穿着整洁	5	酌情扣分		
		工具、量具摆放整齐	5	酌情扣分		
2	操作规范（15分）	划线操作正确性	8	酌情扣分		
		量具使用正确性	7	酌情扣分		
3	文明生产（10分）	操作文明安全，工完场清	10	不符合要求不得分		

（续）

序号	考核项目	质量检测内容	配分	评分标准	评价结果	得分
4	完成时间			每超过10min扣2分 超过30min不及格		
5	划线质量	见表2-2	60	见表2-2		
	总配分		100	总得分		

思考与练习

1. 划线的概念是什么？划线操作分为哪几种？
2. 划线有什么作用？对划线的要求有哪些？
3. 划线前有哪些准备工作？
4. 划线的工具有哪些？
5. 划线基准有哪些类型？
6. 划线时的找正和借料有什么作用？
7. 找正的概念是什么？找正应注意哪些问题？
8. 借料的概念是什么？借料的操作步骤是什么？

第3章

锉削加工

学习目标

1. 熟知锉削加工相关知识及锉刀的选用方法。
2. 掌握锉削加工时工件装夹、锉刀握法、锉削姿势及锉削方法。
3. 掌握锉削质量检验的方法。

用锉刀对工件表面进行切削加工,使其尺寸、形状和表面粗糙度达到图样要求的操作方法称为锉削。锉削一般是在錾、锯之后对工件进行的精度较高的加工,其精度可达0.01mm,表面粗糙度 Ra 值可达 0.8μm。锉削的应用范围很广,可以锉削平面、曲面、外表面、内孔、沟槽和各种复杂表面,还可以配键、做样板及在装配中修整工件,是钳工常用的重要操作之一。装配钳工在装配中经常使用锉削的方法对零件进行修整和加工。

3.1 锉刀

锉刀是用以锉削的工具,常用优质碳素工具钢 T12、T13 或 T12A、T13A 制成,经热处理淬硬后硬度可达 62~72HRC。

3.1.1 锉刀的构造

锉刀由锉身和锉柄两部分组成,锉身由锉刀面、锉刀边、底齿及锉刀尾等几部分结构组成。锉刀各部分结构及名称如图 3-1 所示。

图 3-1 锉刀各部分结构及名称

锉刀面是锉削的主要工作面。锉刀面齿纹交叉排列,构成刀齿,形成容屑槽。锉刀面在前端做成凸弧形,上下两面都制有锉齿,便于进行锉削。锉刀的锉齿大多是在剁锉机上剁出来的。锉刀的锉纹多制成双纹,以利锉削时锉屑碎断,锉面不易堵塞,锉削时省力;也有单纹锉刀,一般用于锉铝等软材料。

锉刀边是指锉刀的两个侧面，有的没有齿，有的其中一边有齿。没有齿的一边叫光边，它可使锉削内直角的一个面时，不会碰伤另一相邻的面。

锉刀舌是用来装锉刀手柄的。锉柄是木质的，在安装孔的外部应套有铁箍。

3.1.2 锉齿和锉纹

锉齿有剁齿和铣齿两种。剁齿由剁锉机剁成，其切削角 δ_o 大于 $90°$，如图 3-2a 所示；铣齿为用铣齿法铣成，切削角 δ_o 小于 $90°$，如图 3-2b 所示。锉削时每个锉齿相当于一把錾子，对金属材料进行切削。

切削角 δ_o 是指前刀面与切削平面之间的夹角，其大小反映切屑流动的难易程度及刀具切入是否省力。

a) 剁齿锉齿　　　　　　　　　　　b) 铣齿锉齿

图 3-2　锉齿的切削角度

锉纹是锉齿排列的图案。锉刀的齿纹有单齿纹和双齿纹两种，如图 3-3 所示。

a) 单齿纹　　　　　　　　　　　b) 双齿纹

图 3-3　锉刀的齿纹

单齿纹是指锉刀上只有一个方向的齿纹，如图 3-3a 所示。单齿纹多为铣制齿，正前角切削，齿的强度弱，全齿宽同时参加切削，需要较大的切削力，因此适用于锉削软材料。

双齿纹是指锉刀上有两个方向排列的齿纹。双齿纹大多为剁齿，先剁上去的为底齿纹（齿纹浅），后剁上去的为面齿纹（齿纹深），面齿纹和底齿纹的方向和角度不一样，如图 3-3b 所示。齿纹与锉刀中心线的夹角叫齿角，面齿角为 $65°$，底齿角为 $45°$。这样形成的锉齿，沿锉刀中心线方向形成倾斜和有规律排列。锉削时，每个齿的锉痕交错而不重叠，锉面比较光滑，锉削时切屑是碎断的，比较省力，锉齿强度也高，适于锉硬材料。

3.2　锉刀的种类与规格

钳工所用的锉刀按其用途不同，常用的有钳工锉、整形锉和异形锉三类。

3.2.1 锉刀的种类

1. 钳工锉

钳工锉的横截面形状如图 3-4 所示，按其横截面形状分为扁锉（齐头扁锉和方头扁锉）、方锉、圆锉、三角锉和半圆锉等几种。按其齿纹的粗细分为粗齿锉、中齿锉、细齿锉、双细齿锉、油光锉五种。

图 3-4　钳工锉的横截面形状

2. 异形锉

异形锉用于加工零件上形状特殊的表面，其常见的横截面形状如图 3-5 所示，按其横截面形状分别为刀形锉、半圆锉、三角锉、双半圆锉和圆锉。异形锉常用于锉削各种沟槽或内孔。

图 3-5　异形锉的横截面形状

3. 整形锉

整形锉因分组配备各种横截面形状的小锉刀而得名，适用于修整精密模具或小型工件上难以机械加工的部位。常见的整形锉外形如图 3-6 所示，通常是每 5 把、6 把、8 把、10 把或 12 把为一组。

3.2.2 锉刀的规格

锉刀的规格包括尺寸规格和锉纹的粗细规格。

1. 尺寸规格

圆锉以其横截面直径表示，方锉以其横截面边长表示，其他锉刀用锉身长度表示，异形锉和整形锉用锉刀全长来表示。常用的锉刀长度有 100mm、150mm、200mm、250mm、300mm、350mm 等几种。

图 3-6　整形锉的外形

2. 粗细规格

粗细规格以锉刀每 10mm 轴向长度内的主锉纹条数来表示。钳工锉的锉纹参数见表 3-1。

3. 锉刀的选择

锉刀选用是否合理，对工件的加工质量、工作效率和锉刀的寿命都有很大的影响。如果选择不当，就不能充分发挥它的效能，甚至会过早地丧失切削能力。因此，锉削之前必须正确地选择锉刀。通常应根据工件的表面形状、尺寸精度、材料性质、加工余量以及表面粗糙度等要求来选用。

表 3-1　钳工锉的锉纹参数（摘自 GB/T 5806—2003）

长度规格/mm	每 10mm 主锉纹条数 锉纹号					辅锉纹条数	边锉纹条数	主锉纹斜角 λ		辅锉纹斜角 ω		边锉纹斜角 θ
	1	2	3	4	5			1~3 号锉纹	4~5 号锉纹	1~3 号锉纹	4~5 号锉纹	
100	14	20	28	40	56	为主锉纹条数的 75%~95%	为主锉纹条数的 100%~120%	65°	72°	45°	52°	90°
125	12	18	25	36	50							
150	11	16	22	32	45							
200	10	14	20	28	40							
250	9	12	18	25	36							
300	8	11	16	22	32							
350	7	10	14	20	—							
400	6	9	12	—	—							
450	5.5	8	11	—	—							

注：1 号锉纹为粗齿锉刀；2 号锉纹为中齿锉刀；3 号锉纹为细齿锉刀；4 号锉纹为双细齿锉刀；5 号锉纹为油光锉。

锉刀的横截面形状及尺寸应与工件被加工表面形状与大小相适应，如图 3-7 所示。

a) 扁锉　　　　b) 方锉　　　　c) 三角锉

d) 圆锉　　　　e) 半圆锉　　　　f) 菱形锉　　　　g) 刀口锉

图 3-7　不同加工表面的锉刀选择

一般来说，粗齿锉刀用于锉削铜、铝等软金属及加工余量大、精度低和表面粗糙的工件；细齿锉刀用于锉削钢、铸铁以及加工余量小、精度要求高和表面粗糙度数值较低的工件；油光锉则用于最后修光工件表面。锉刀粗细规格的选用见表 3-2。

表 3-2　锉刀粗细规格的选用

粗细规格	使用场合		
	锉削余量/mm	尺寸精度/mm	表面粗糙度 Ra/μm
1 号（粗齿锉刀）	0.5~1	0.2~0.5	100~25
2 号（中齿锉刀）	0.2~0.5	0.05~0.2	25~6.3
3 号（细齿锉刀）	0.1~0.3	0.02~0.05	12.5~3.2
4 号（双细齿锉刀）	0.1~0.2	0.01~0.02	6.3~1.6
5 号（油光锉）	0.1 以下	0.01	1.6~0.8

3.3 锉削操作方法

3.3.1 工件装夹

工件必须牢固地装夹在台虎钳钳口的中间，并略高于钳口。夹持已加工表面时，应在钳口与工件间垫以铜片或铝片。易于变形和不便于直接装夹的工件，可以用其他辅助材料设法装夹。

3.3.2 正确选择锉刀

锉削前，应根据金属材料的硬度、加工余量的大小、工件的表面粗糙度要求来选择锉刀。加工余量小于 0.2mm 时，宜用细锉。

3.3.3 锉刀的握法

大锉刀的握法如图 3-8a 所示。右手心抵着锉刀木柄的端头，大拇指放在锉刀木柄的上面，其余四指放在下面，配合大拇指捏住锉刀木柄。左手掌部压在锉刀另一端，拇指自然伸直，其余四指弯曲扣住锉刀前端。

中锉刀的握法如图 3-8b 所示。右手握法与大锉刀的握法相同，左手用大拇指和食指捏住锉刀的前端。

小锉刀的握法如图 3-8c 所示。右手拇指和食指伸直，拇指放在锉刀木柄上面，食指靠在锉刀的刀边，左手几个手指压在锉刀中部。

整形锉的握法如图 3-8d 所示。一般只用右手拿着锉刀，食指放在锉刀上面，拇指放在锉刀的左侧。

a)   b)

c)   d)

图 3-8　锉刀的握法

3.3.4 锉削力与锉削速度

锉削时两手施于锉刀的力应保持锉刀的平衡，才能锉出平整的平面，如图 3-9 所示。推进锉刀时的推力大小主要由右手控制，而压力的大小由两手控制。为保持锉刀平稳前进，锉刀前后两端以工件为支点所受的力矩应相等。由于锉刀的位置不断改变，两手所施加的压力要随之发生相应改变。

图 3-9　锉削力的控制

锉削时的速度一般为每分钟 30~60 次，速度太快，容易疲劳和加快锉齿的磨损。

3.3.5　锉削姿势和要领

正确的锉削姿势和动作，能减少疲劳，提高工作效率，保证锉削质量。只有勤学苦练，才能逐步掌握这项技能。锉削姿势与使用的锉刀大小有关，用大锉锉平面时，正确姿势如下：

1. 站立姿势（位置）

两脚立正面向虎钳，站在虎钳中心线左侧，与虎钳的距离按大小臂垂直、端平锉刀、锉刀尖部能搭放在工件上来掌握。然后迈出左脚，迈出距离从右脚尖到左脚跟约等于锉刀长。左脚与虎钳中线约呈 30°角，右脚与虎钳中线约呈 75°角，如图 3-10 所示。

2. 锉削姿势

锉削时的锉削姿势如图 3-11 所示，左腿弯曲，右腿伸直，身体重心落在左脚上。两脚始终站稳不动，靠左腿的屈伸做往复运动。手臂和身体的运动要互相配合。锉削时要使锉刀的全长充分利用。

图 3-10　锉削时的站立姿势

开始锉时，身体要向前倾斜 10°左右，左肘弯曲，右肘向后，但不可太大，如图 3-11a 所示。锉刀推到 1/3 时，身体向前倾斜 15°左右，使左腿稍弯曲，左肘稍直，右臂前推，如图 3-11b 所示。锉刀继续推到 3/4 时，身体逐渐倾斜到 18°左右，使左腿继续弯曲，左肘渐直，右臂向前推进，如图 3-11c 所示。锉刀继续向前推，把锉刀全长推尽，身体随着锉刀的反作用退回到 15°位置，如图 3-11d 所示。推锉终止时，两手按住锉刀，身体恢复原来位置，不给锉刀压力或略提起锉刀把它拉回。

图 3-11 锉削时的锉削姿势

3.3.6 锉削方法

常见结构
锉削方法

1. 平面的锉削

（1）顺锉法 锉刀的切削运动是单方向的。锉刀每次退回时，横向移动 5~10mm，如图 3-12a 所示。

（2）交叉锉法 锉刀的切削运动方向是交叉进行的，如图 3-12b 所示。这种锉削方法容易锉出准确的平面，适用于锉削余量较大的工件。

（3）推锉法 推锉法如图 3-12c 所示。两手横握锉刀，拇指抵住锉刀侧面，沿工件表面平稳地推拉锉刀，以得到平整光洁的表面。这种锉削法是在工件表面已经锉平、余量很小的情况下，修光工件表面用的。为减小工件表面粗糙度值，可在锉刀上涂些粉笔灰，或将砂布垫在锉刀下面推锉。

图 3-12 平面锉削方法

2. 圆弧面的锉削

（1）外圆弧面的锉削 锉削外圆弧面时，锉刀除向前运动外，还要沿工件加工面做圆弧运动，如图 3-13 所示。

（2）内圆弧面的锉削 锉削内圆弧面时，锉刀除向前运动外，锉刀本身要做旋转运动和向左或向右移动，如图 3-14 所示。

3. 锉通孔

根据工件通孔的形状、工件材料、加工余量、加工精度和表面粗糙度来选择所需的锉刀。通孔的锉削如图 3-15 所示。

图 3-13　锉削外圆弧面

3.3.7　锉削质量检查

锉削属于钳工精加工，因此，锉削中一定要进行质量检查。检查时，要按图样上的技术要求细致地进行，以确保加工质量符合要求。下面介绍几种检查方法：

图 3-14　锉削内圆弧面

图 3-15　通孔的锉削

1. 检查平面度误差的方法

1) 将工件擦净，用刀口尺或钢直尺以透光法来检查平面度误差。如图 3-16a 所示，检查时，刀口尺或钢直尺只用三个手指——大拇指、食指、中指拿住尺边，如果刀口尺与工件平面间透光微弱而均匀，说明该平面是平直的，如果透光强弱不一，说明该平面高低不平，如图 3-16b 所示。检查时应在工件的横向、纵向和对角线方向多处进行，如图 3-16c 所示。移动刀口尺或钢直尺时，应把它提起，并轻轻地放在新的位置上，不准用刀口尺或钢直尺在工件表面上来回拉动。

图 3-16　用刀口尺检查平面度误差

2) 研磨法。如图 3-17 所示，在平板上涂红丹，然后把锉削平面放在平板上，均匀地轻微研磨几下。如果平面着色均匀说明平直了；如果有的呈灰亮色（高处），有的没有着色（凹处），说明高低不平。高低适当的地方呈黑色。

2. 检查垂直度误差

检查垂直度使用直角尺。检查时，也采用透光法，选择基准面，并对其他各面有次序地检查。如图 3-18a 所示，阴影为基准面。

图 3-17　研磨法检查平直度

3. 检查平行度误差和尺寸

用卡钳或游标卡尺检查。检查时，在全长不同的位置上，要多检查几次，如图 3-18b 所示。

图 3-18 检查垂直度和平行度误差

4. 表面粗糙度的检查

一般用眼睛直接观察。为鉴定准确，可用表面粗糙度样板对照检查。

3.4 技能训练

3.4.1 任务要求

根据图 3-19 所示的零件进行工件的锉削加工。

图 3-19 锤子零件图

3.4.2 任务分析

本章节的任务是学习锉削加工操作，学会按照图样的要求完成倒角、圆弧面及斜面的加工。

通过整个锉削工作的实施，学生可学会观察图样，并能进行基本的分析，制订合理的锉削工艺流程；学会运用正确的工具进行正确的操作，能达到技术要求并掌握锉削技能；同时，培养学生自主分析、独立动手的能力，达到预期的教学目的。

1. 零件图分析

从零件图中可以看出，零件长度方向上的尺寸标注基准为右侧面，长度为112mm。高度方向的尺寸基准为底面，高度为20mm。图中 $R2.5mm$、$R3.5mm$、$R8mm$、$R12mm$ 的圆角、$C3$ 的倒角、倒角长度29mm 这些是关键的形状及尺寸要求，同时还要保证表面粗糙度 $Ra3.2\mu m$ 的要求。

2. 工作任务

锉削工作任务见表 3-3。

表 3-3　锉削工作任务

序号	具体工作任务
1	外方形倒角
2	右端面倒角 $C3$
3	加工 $R12mm$ 圆弧面
4	加工斜面

3.4.3　任务准备

1. 资源要求

1) 钳工实训中心（钳工工作台：1 人/台）。

2) 工艺装备。

① 工具：小圆锉、半圆锉、锯、扁锉等。

② 量具：钢直尺、游标卡尺、游标高度卡尺、半径样板。

2. 材料准备

本次任务在前面划线的基础上进行锉削加工。每名同学备料一块，尺寸为 114mm×20mm×20mm，材料为 HT200。

3.4.4　任务实施

1. 任务实施步骤

（1）粗锉小圆弧　注意工件的装夹；注意留好精锉余量，如图 3-20 所示；注意正确的加工工艺顺序。

（2）粗锉长边倒角　粗锉长边倒角如图 3-21 所示，注意留好精锉余量。

（3）精锉长边与小圆弧　精锉长边与小圆弧如图 3-22 所示。

（4）粗锉、精锉短边倒角　粗锉、精锉短边倒角如图 3-23 所示。

图 3-20　粗锉小圆弧

图 3-21　粗锉长边倒角

图 3-22　精锉长边与小圆弧

（5）精锉四角　精锉四角如图 3-24 所示，这是完成 C3mm 倒角的全部锉削任务的最后一步。

（6）锯削圆弧面　锯削圆弧面如图 3-25 所示。

工件与水平面呈45°装夹

图 3-23　粗锉、精锉短边倒角

图 3-24　精锉四角

图 3-25　锯削圆弧面

（7）粗锉及精锉圆弧面　粗锉及精锉圆弧面分别如图 3-26 和图 3-27 所示。

图 3-26　粗锉圆弧面

图 3-27　精锉圆弧面

（8）去毛刺，完成加工　完成两个部位的加工，完成效果图分别如图 3-28 和图 3-29 所示。

2. 操作要点

1）应该利用小圆锉来加工圆弧。

2）锉削每个小平面时要注意其平面度。

3）斜面锯削时注意斜起锯的方向。

图 3-28　完成加工后的四角

图 3-29　完成加工后的圆弧面

4）斜面与圆弧面要光滑连接。

5）最后修光纹路方向要一致。

3. 注意事项

1）不要超出划线范围，尤其是尺寸 29mm。

2）粗加工时先加工圆弧后加工平面。

3）不要遗漏最后四个小面的加工。

4）两斜面锯削时不要锯得太深，以防破坏圆弧。

5）注意每个面的垂直度。

6）圆弧面的轮廓度注意用半径样板进行测量。

3.4.5　任务评价

1. 锉削质量评价（表 3-4）

表 3-4　锉削质量评价

序号	项目	质量检测内容	配分	评分标准	实测结果	得分
1	尺寸	长度 29mm	5	每超 0.1mm 扣 2 分		
		倒角 C3mm	10	每超 0.1mm 扣 2 分		
2	形状	R2.5mm	10	酌情扣分		
		R8mm	10	酌情扣分		
		R12mm	5	酌情扣分		
3	连接	光滑连接	10	酌情扣分		
4	表面粗糙度	表面粗糙度符合要求	5	酌情扣分		
		纹路方向一致	5	不符合要求不得分		
		总得分				

2. 锉削任务评价（表 3-5）

表 3-5　锉削任务评价

序号	考核项目	质量检测内容	配分	评分标准	评价结果	得分
1	加工准备 （15 分）	工具、量具清单完整	5	缺 1 项扣 1 分		
		工服穿着整洁	5	酌情扣分		
		工具、量具摆放整齐	5	酌情扣分		

（续）

序号	考核项目	质量检测内容	配分	评分标准	评价结果	得分
2	操作规范 （15分）	锉削操作正确性	8	酌情扣分		
		量具使用正确性	7	酌情扣分		
3	文明生产 （10分）	操作文明安全,工完场清	10	不符合要求不得分		
4	完成时间			每超过10min扣2分 超过30min不及格		
5	锉削质量	见表3-4	60	见表3-4		
总配分			100	总得分		

思考与练习

1. 锉刀由哪几部分组成？各包含什么结构？

2. 锉刀的种类有哪些？

3. 锉刀的尺寸规格以什么表示？粗细规格用什么表示？

4. 锉刀的握法有哪几种？

5. 锉削的姿势和要领有哪些？

6. 平面锉削和曲面锉削各有哪些操作要点？

7. 锉削加工后工件的平面度、垂直度、平行度和表面粗糙度如何进行检验？

8. 如何保养锉刀？

第4章

锯 削 加 工

学习目标

1. 熟知锯削加工的基本概念及适用加工场合。
2. 熟知锯削加工的工具种类及锯条的材料、规格及结构。
3. 掌握锯条选用及安装方法。
4. 掌握锯削加工时锯弓的握法、站立姿势及锯削操作要点。
5. 掌握锯削加工中的常见问题及产生原因。

　　用手锯把材料或工件分割或切槽的方法称为锯削。锯削是一种粗加工，操作简单方便，平面度误差可以控制在 0.2~0.5mm。锯削也是钳工最基本的操作之一，在钳工工作中，常用锯削来完成各种材料的锯断、锯掉多余部分、开槽等。锯削水平的高低会影响到尺寸精度和锉削量的大小，因而直接影响到工作效率。锯削加工的应用如图 4-1 所示。

a) 锯断

b) 锯掉多余部分　　　　　　　　　　　　　　　　c) 开槽

图 4-1　锯削加工的应用

4.1　锯削工具

4.1.1　锯弓

　　手锯包括锯弓和锯条两部分。锯弓是用来张紧锯条的。常用的锯弓有固定式和可调式两种。

1. 固定式锯弓

固定式锯弓的结构如图 4-2a 所示，锯弓两端张拉锯条的穿销可做 90°的旋转，这样锯条可以有平行或垂直锯弓的两个位置，平行放置做一般的锯切，垂直放置时用于深度切割。固定式锯弓的长度不能改变，因而只能用一种长度的锯条。

2. 可调式锯弓

可调式锯弓的结构如图 4-2b 所示，其装调锯条部分的结构与固定式锯弓相同，但锯弓的长度是可以改变的，一般在锯弓上有三个挡位，可以换用三种长度的锯条。

a) 固定式锯弓　　　　　　　　　　　　　　　　b) 可调式锯弓

图 4-2　锯弓的结构

在钳工锯削中，锯条的长短对锯削影响很小，一种长度的锯条就可以做一般的锯削加工，因此固定式锯弓和可调式锯弓使用起来都很方便。

4.1.2　锯条

锯条在锯削时起切削作用，其结构如图
4-3 所示。按使用材质分为碳素结构钢（代
号 D）、碳素工具钢（代号 T）、合金工具钢
（代号 M）、高速工具钢（代号 G）以及双金
属复合钢（代号 Bi）五种类型。按其特性分
全硬型（代号 H）和挠性型（代号 F）两种
类型。

1. 锯条的材料和规格

通常用的锯条是用低碳钢冷轧渗碳而成
的，这种锯条成本低廉，性能一般，可用于

图 4-3　锯条的结构

普通材料的锯切。高性能的锯条是采用碳素工具钢或合金钢制成，可用于切割硬质材料并且经久耐用。

锯条的长度是用两端安装孔的中心距来表示的，一般有 200mm、250mm 和 300mm 三种，常用的是 300mm，这种锯条宽度为 12mm、厚度为 0.6mm。

2. 锯条的结构

锯条是利用锯齿的锋利切削刃来锯削材料的，锯齿按一定规律左右错开的不同排列方式称为锯路。锯路的作用是使工件锯缝宽度大于锯条厚度，这样既减少了锯条与工件的摩擦阻力，便于排屑，又减少了锯条发热磨损，延长了使用寿命。手工锯条的锯路分成图 4-4a 所示的交叉形和图 4-4b 所示的波浪形两种。

交叉形锯路的锯条特点是锯削阻力大、锯削快，但锯削后的表面不如波浪形的平滑，波浪形锯条特点则与交叉形相反。

锯齿工作时如图 4-5 所示，相当于一排形状相同的錾子，每个齿都有切削作用。锯齿的

切削角度为：前角 $\gamma = 0°$，后角 $\alpha = 40°$，楔角 $\beta = 50°$。

a) 交叉形　　　b) 波浪形

图 4-4　锯路　　　　　　　　　　　　图 4-5　锯齿切削角度

3. 锯条的选用

锯齿的粗细用每 25mm 长度内齿的个数来表示。14~18 个齿称为粗齿锯条，22~24 个齿称为中齿锯条，32 个齿则称为细齿锯条。

1）粗齿锯条适宜锯割软材料和厚材料，因在这些情况下锯屑较多，为防产生堵塞现象，要求锯条有较大的容屑空间。如铜、铝、铸铁和低碳钢等的锯削加工。

2）细齿锯条适宜加工硬材料及管子或薄材料。对于硬材料，细齿锯条齿数多，同时参加切削的齿数多，可提高锯割效率。对于管子或薄板，小齿主要是防止锯齿被钩住，减小切割阻力。

4. 锯条的安装

安装锯条时，如图 4-6 所示，须将锯条锯齿的齿尖方向朝前，切不可装反。调节蝶形螺母张紧锯条，松紧程度要适当。特别要注意，锯条安装后要调整锯条与锯弓在同一平面内，否则，锯削时就会跑偏。

a) 正确　　　　　　　　　　　　　　b) 错误

图 4-6　锯条的安装

4.2　锯削的方法

锯削和手锯

4.2.1　锯弓的握法

如图 4-7 所示，右手满握锯柄，左手轻扶在锯弓前端，双手将手锯扶正，放在工件上准备锯削。

4.2.2　站立位置和姿势

锯削时，操作者的站立位置和姿势如图 4-8 所示，与錾削基本相同。

图 4-7 锯弓的握法   图 4-8 站立位置和姿势

4.2.3 锯削动作

锯削前，如图 4-9a 所示，左脚跨前半步，左膝盖处略有弯曲，右腿站稳伸直，不要太用力，整个身体保持自然。双手握正手锯放在工件上，左臂略弯曲，右臂要与锯削方向基本保持平行，顺其自然。

向前锯削时，如图 4-9b 所示，身体与手锯一起向前运动，此时，右腿伸直向前倾，身体也随之前倾，重心移至左腿上，左膝盖弯曲。

随着手锯行程的增大，身体倾斜角度也随之增大，如图 4-9c 所示。

手锯推至锯条长度约 3/4 时，身体停止运动。手锯准备回程，如图 4-9d 所示，此时，由于锯削的反作用力，使身体向后倾，带动左腿略伸直，身体重心后移，手锯顺势退回，身体恢复到锯削的起始姿势。当手锯退回后，身体又开始前倾运动，进行第二次锯削。

a) 锯削前   b) 向前锯削   c) 增大行程   d) 回程

图 4-9 锯削动作

锯削动作中，身体运动的目的是为了将身体的作用力作用于锯条上，这样可大大增加锯切力，但又不能将全部的身体作用力全加到锯条上，否则锯条就会破碎。正确的方法是锯切中不断地感觉被切材料的阻力、刚度及锯条沿划线的偏离程度，随时调整作用力的大小及方向，以锯条不破碎而又能发挥最大作用力为目标，使锯切达到最好的效果和最高的工作效率。

4.2.4 起锯方法

起锯是锯削运动的开始，起锯的好坏直接影响到锯切的平直程度。如图 4-10a 所示，首先将左手拇指按在锯削的位置上，使锯条侧面靠住拇指，起锯角（锯齿下端面与工件上表面间的夹角）约 15°，推动手锯，此时行程要短，压力要小，速度要慢。当锯齿切入工件 2~3mm 时，左手拇指离开工件，放在手锯外端，扶正手锯进入正常的锯削状态。起锯的方法有两种：一种是远起锯法，在远离操作者一端的工件上起锯，如图 4-10b 所示；另一种是近起锯法，在靠近操作者一端的工件上起锯，如图 4-10c 所示。前者起锯方便，起锯角容易掌握，锯齿能逐步切入工件中，是常用的一种起锯方法。

a) 起锯开始　　　　b) 远起锯法　　　　c) 近起锯法

图 4-10　起锯方法

起锯时要注意：锯条侧面必须靠紧拇指，或手持一物代替拇指靠紧锯条侧面，保证锯条在某一固定的位置起锯，并平稳地逐步切入工件，不会跳出锯缝。起锯角的大小要适当，起锯角太大时，会被工件棱边卡住锯齿，将锯齿崩裂，并会造成手锯跳动不稳；起锯角太小时，锯条与工件接触的齿数太多，不易切入工件，还可能偏移锯削位置，而需多次起锯，出现多条锯痕，影响工件表面质量。

4.2.5 锯削的操作要点

1. 锯削用力方法

锯削时，对锯弓施加的压力要均匀，大小要适宜，右手控制锯削时的推力和压力，左手辅助右手将锯弓扶正，并配合右手调节对锯弓的压力。锯削时，对锯弓施加的压力不能太大，推力也不能太猛，推进速度要均匀，快慢要适中。手锯退回时，锯条不进行切削，不能对锯弓施加压力，应跟随身体的摆动，手锯自然拉回。工件将锯断时，要目视锯削处，左手扶住将锯断部分材料，右手推锯，压力要小，推进要慢，速度要低，行程要短。

常见工件的
锯削操作

2. 手锯的运动方式

锯削时，手锯的运动方式有两种。一种是锯削时，手锯做小幅度的上下摆动，即右手向前推进时，身体也随之向前倾，在左右手对锯弓施加压力的同时，右手向下压，左手向上翘，使手锯做弧形的摆动。手锯返回时，右手上抬，左手顺势自然跟随，携同手锯离开工件并退回。这种运动方式，可以减少锯削时的阻力，锯削省力，提高锯削效率，适用于深缝锯削或大尺寸材料的锯断。另一种是手锯做直线运动，这种运动方式，参加锯削的齿数较多，锯削费力，适用于锯削底平面为平直的槽子、管子和薄板材料等。

3. 锯削运动的速度

锯削运动的速度要均匀、平稳、有节奏、快慢适度，否则操作者容易很快疲劳，或造成锯条过热以致很快损坏。一般锯削速度为 40 次/min 左右，软的材料锯削速度可稍快一点；硬度高的材料锯削速度低一些；锯削钢件时宜加适量切削液，锯条返回时要比推锯时快一些。

4. 注意的问题

工件将要锯断时，应减小压力，避免因工件突然断开，手仍用力向前冲而产生事故；左手应扶持工件断开部分，右手减慢锯削速度逐渐锯断，避免工件掉下砸伤脚。

4.2.6 锯削尺寸及几何精度的控制方法

1. 留余量锯削

锯去工件较多的余量，留精加工余量，一般留 0.5mm 左右。

2. 控制尺寸锯削

直接控制工件尺寸，要贴住尺寸线锯削。

3. 控制几何精度锯削

锯削时锯条平面要与工件前后、上下垂直，保证锯削面的垂直度；同时，锯条平面要与锯削线条保持平行，保证锯削位置一致，锯削纹路整齐。

4.3 锯削的常见问题及其产生原因（表 4-1）

表 4-1 锯削的常见问题及其产生原因

常见问题	产 生 原 因
锯齿折断	1）锯条装得过紧或过松 2）锯削时压力太大或锯削用力偏离锯缝方向 3）工件未夹紧，锯削时松动 4）锯缝歪斜后强行纠正 5）新锯条在旧锯缝中卡住而折断 6）工件锯削时，用力过猛使手锯与台虎钳等物相撞而折断 7）中途停止使用时，手锯未从工件中取出而碰断
锯齿崩裂	1）锯齿的粗细选择不当，如锯管子、薄板时用粗齿锯条 2）起锯角度太大，锯齿被卡注后仍用力推锯 3）起锯速度过快或锯削摆动突然过大，使锯齿受到猛烈撞击
锯齿过早磨损	1）锯削速度太快，使锯条发热过度而加剧锯齿磨损 2）锯削硬材料时，未加切削液冷却润滑 3）锯削过硬材料
锯缝歪斜	1）工件装夹时，锯缝线未与铅垂线方向一致 2）锯条安装太松或与锯弓平面产生扭曲 3）使用两面磨损不均匀的锯条 4）锯削时压力太大而使锯条左右偏摆 5）锯弓未扶正或用力歪斜，使锯条偏离锯缝中心平面

（续）

常见问题	产生原因
尺寸超差	1）划线不正确 2）锯缝歪斜过多，偏离划线范围
工件表面拉毛	起锯方法不对，把工件表面锯坏

除以上的常见问题外，还应该掌握以下的操作及使用方法，确保能够安全、正确地进行锯削加工。

1）通常锯削软材料或切面较大的工件时，应选用齿距较大的锯条；锯削硬材料或切面较小的工件时，则应选用齿距较小的锯条；锯削管子或薄板材料时，必须选用齿距小的锯条，以防锯齿卡住或崩裂。

2）锯削时要防止锯条折断从锯弓上弹出伤人。

3）工件被锯下的部分要防止跌落砸在脚上。

4.4　技能训练

4.4.1　任务要求

根据图 4-11 的要求进行工件的锯削加工，在 C 侧锯削。毛坯尺寸为 120mm×50mm×12mm 的钢板。

4.4.2　任务分析

本章节的任务主要是学习锯削技能。本任务主要是锯削掉给定毛坯件的一侧，达到图样规定的尺寸及几何精度要求。图 4-11 中的三个几何公差要求对锯削操作提出了较高的要求。

图 4-11　零件图

通过整个锯削工作的实施，学生可学会观察图样，并能进行基本的分析，制订合理的锯削工艺流程；学会运用正确的工具进行正确的操作，能达到技术要求并掌握手锯的握法、锯削站立姿势和动作要领；同时，培养学生自主分析、独立动手的能力，达到预期的教学目的。

1. 零件图分析

从零件图中可以看出，零件长度方向上的尺寸标注基准为左侧面，长度为（100±0.8）mm。高度方向的尺寸为 50mm，精度要求不高。图中主要的任务是完成 C 面的锯削加工后需要保证 C 面和基准面 A 的平行度误差在 0.04mm 内，同时保证和 B 面的垂直度误差在 0.04mm 内。此外，C 面还要保证自身的平面度误差在 0.5mm 内。

2. 工作任务

锯削工作任务见表 4-2。

表 4-2　锯削工作任务

序号	具体工作任务
1	划出锯削加工线
2	加工 C 面

4.4.3　任务准备

1. 资源要求

1）钳工实训中心（钳工工作台：1 人/台）。

2）工艺装备。

① 工具：划针、划规、游标高度卡尺、锯条、锯弓等。

② 量具：钢直尺、游标卡尺、刀口形直尺、塞尺、直角尺等。

2. 材料准备

每名同学备料一块，尺寸为 120mm×50mm×12mm，材料为 HT200。

4.4.4　任务实施

1. 任务实施步骤

在板料上划出锯削的位置线，进行锯削站立姿势、锯削动作、起锯方法等练习。锯削前检查锯条安装、工件装夹；锯削过程要观察锯缝线平直情况，若有问题能及时纠正。

2. 操作要点

1）控制好锯削姿势，并加以强化。

2）保证锯削平面的平行度、垂直度和平面度公差要求。

3）学会用量具来检测尺寸及误差。

3. 注意事项

1）锯削操作时，要时刻保持正确的操作姿势。

2）要综合考虑工件精度要求。

4.4.5　任务评价

1. 锯削质量评价（表 4-3）

表 4-3　锯削质量评价

序号	项目	质量检测内容	配分	评分标准	实测结果	得分
1	线条	清晰程度	10	酌情扣分		
		均匀性	10	酌情扣分		
2	尺寸	长度(100±0.8)mm	10	每超 0.1mm 扣 2 分		
3	几何公差	平行度 0.04mm	10	每超 0.01mm 扣 2 分		
		垂直度 0.04mm	10	每超 0.01mm 扣 2 分		
		平面度 0.5mm	10	每超 0.1mm 扣 2 分		
		总得分				

2. 锯削任务评价（表4-4）

表4-4　锯削任务评价

序号	考核项目	质量检测内容	配分	评分标准	评价结果	得分
1	加工准备 （15分）	工具、量具清单完整	5	缺1项扣1分		
		工服穿着整洁	5	酌情扣分		
		工具、量具摆放整齐	5	酌情扣分		
2	操作规范 （15分）	锯削操作正确性	8	酌情扣分		
		量具使用正确性	7	酌情扣分		
3	文明生产 （10分）	操作文明安全，工完场清	10	不符合要求不得分		
4	完成时间			每超过10min扣2分 超过30min不及格		
5	锯削质量	见表4-3	60	见表4-3		
	总配分		100	总得分		

思考与练习

1. 锯削的概念是什么？锯削加工的精度如何？

2. 锯削加工可以用在什么场合？

3. 锯弓有哪几种形式？

4. 锯条的材料和规格有哪些？

5. 锯齿的前角、后角和斜角各为多少？

6. 锯条的粗细如何表示？如何选择锯条的粗细规格？

7. 锯削的操作要点有哪些？

8. 锯削过程中有哪些常见问题？产生的原因是什么？

第5章

錾 削 加 工

学习目标

1. 熟知錾削加工的基本概念、主要工具及适用加工场合。
2. 掌握錾削的站姿及錾削工具使用方法。
3. 掌握平面錾削及油槽錾削的基本操作方法。
4. 掌握錾削加工中的常见问题及产生原因。

錾削加工是用锤子敲击錾子对金属工件进行切削加工的方法，錾削是一种粗加工，一般按所划加工线进行加工，平面度误差可控制在 0.5mm 之内。目前，錾削工作主要用于不便于机械加工的场合，如清除毛坯上的多余金属、分割材料、錾削平面及沟槽等。

5.1 錾削工具

錾削的工具主要是錾子和锤子。

5.1.1 錾子

錾子是錾削用的刀具，一般用碳素工具钢（T7A）锻成，它由头部、錾身及切削部分组成。头部顶端略带球形，以便锤击时作用力容易通过錾子中心线。錾身部分为便于把持，多成八棱形，以防止錾削时錾子转动。切削部分刃磨成楔形，经热处理后硬度达到 56 ~ 62HRC，如图 5-1 所示。

图 5-1 錾子的结构

1. 錾子的种类及应用

常用錾子有扁錾、尖錾和油槽錾三种。

（1）扁錾 扁錾的形状如图 5-2a 所示。扁錾的切削部分扁平，刃口略带弧形。扁錾主要用于錾削平面、去毛刺和分割板料等。

（2）尖錾 尖錾的形状如图 5-2b 所示。尖錾的切削刃比较短，切削部分的两侧从切削刃到錾身逐渐狭小，以防止錾槽时两侧面被卡住。尖錾主要用来錾削沟槽及分割曲线形板料。

（3）油槽錾　油槽錾的形状如图 5-2c 所示。油槽錾的切削刃很短，并呈圆弧形，为了能在对开式的内曲面上錾削油槽，其切削部分做成弯曲形状。油槽錾常用来錾切平面或曲面上的油槽。

2. 錾子的切削原理

以平面錾削为例，錾子切削部分由前刀面、后刀面以及它们的交线形成的切削刃组成。如图 5-3 所示，錾子在切削时形成的切削角度有以下几个。

图 5-2　錾子的种类
a) 扁錾　b) 尖錾　c) 油槽錾

图 5-3　錾子的切削角度

（1）楔角 β　前刀面与后刀面的夹角 β 称为楔角，它是决定錾子切削性能和强度的主要参数。楔角越大，切削部分的强度越高，但錾削阻力也越大，切削越困难。因此，选择錾子楔角时应是在保证切削部分有足够强度的前提下，尽量选取较小的楔角。錾削硬钢或铸铁等硬材料时，楔角 β 取 $60° \sim 70°$；錾削一般钢料或中等硬度材料时，楔角取 $50° \sim 60°$；錾削铜或铝等软材料时，楔角取 $30° \sim 50°$。

（2）前角 γ　它的位置是在前刀面与切屑之间的空间范围内，其作用是促进切屑在前刀面上流动轻快、流畅。前角越大，刀具越锐利，越容易切入工件中，切削越省力。

（3）后角 α　它的位置在后刀面与加工面相切的平面之间的空间内，它的大小直接影响刀具后刀面和已加工面间的摩擦。后角过大，会使錾子切入工件太深，使錾削困难；后角过小，錾子容易划出工件表面，不易切入工件，一般后角选取 $5° \sim 8°$。

5.1.2　锤子

锤子是装配钳工常用的敲击工具，由锤头和木柄组成，如图 5-4 所示。锤头一般用碳素工具钢制成，并经热处理淬硬。木柄用比较坚韧的木材制成，如白蜡木、檀木等。木柄截面为椭圆形，装入锤孔后用楔子楔紧，以防锤头脱落。

锤子的规格用锤头的质量大小来表示，钳工常用的有 0.22kg、0.34kg、0.45kg、0.61kg 和 0.91kg 等几种。其长度应根据不同规格的锤体来选用，如 0.61kg 锤子的锤柄长度一般为 350mm 左右。

图 5-4　锤子的结构
木柄　楔子　锤头

5.2 錾削的站姿及工具使用方法

錾削和錾子

5.2.1 站立姿势

在錾削过程中,操作者的姿势、所站的位置影响着锤击的力量大小。一般站立位置如图 5-5 所示,身体与台虎钳中心线大致成 75°角,略向前倾,左脚跨前半步,膝盖处略弯曲,右脚站稳伸直,作为主要支点。面向工件,目光应落在工件的切削位置,不应落在錾子的头部,这样才能保证錾削的质量。

图 5-5 錾削时的站立位置

5.2.2 锤子的握法

锤子的握法有紧握法和松握法两种。

1. 紧握法

如图 5-6a 所示,右手五指紧握锤柄,大拇指合在食指上,虎口对准锤头方向,木柄尾端露出 15~30mm。在挥锤和锤击的整个过程中,右手五指始终紧握锤柄。初学者往往采用此法。

2. 松握法

如图 5-6b 所示,握锤方法同紧握法一样,当锤子抬起时,小指、无名指和中指依次放松,只保持大拇指和食指握持不动。锤击时,中指、无名指和小指再依次握紧锤柄。这种握法,锤击有力,挥锤手不易疲劳。

a) 紧握法   b) 松握法

图 5-6 锤子的握法

5.2.3 錾子的握法

錾子的握法有两种。一种是正握法,如图 5-7a 所示,左手手心向下,拇指和食指夹住錾子,錾子头部伸出 20mm 左右,其余三指向手心弯曲握住錾子,不能太用力,应自然放松,该握法应用广泛。另一种是反握法,如图 5-7b 所示,左手手心向上,大拇指放在錾子侧面略偏上,自然伸屈,其余四指向手

a) 正握法   b) 反握法

图 5-7 錾子的握法

心弯曲握住錾子,这种握錾子的方法鏨削力较小,錾削方向不容易掌握,一般在不便于正握錾子时才采用。

5.2.4 挥锤法

鏨削时的挥锤方法有腕挥法、肘挥法和臂挥法三种。

1. 腕挥法

如图 5-8a 所示,仅用手腕的动作进行锤击运动,采用紧握法握锤,一般用于鏨削余量较少的鏨削开始或结尾。

2. 肘挥法

如图 5-8b 所示,用手腕与肘部一起挥动作锤击运动,采用松握法握锤,锤击力较大,效率较高,应用最多,常用于鏨削平面、切断材料或鏨削较长的键槽。

3. 臂挥法

如图 5-8c 所示,手腕、肘和全臂一起挥动,协调动作,锤击力最大,一般用于大切削量的鏨削。

a) 腕挥法   b) 肘挥法   c) 臂挥法

图 5-8 挥锤法

5.2.5 锤击要领

锤击时,锤子在右上方划弧形做上下运动,眼睛要看在切削刃和工件之间,锤子敲下去应有加速度,可增加锤击的力量。

锤击要稳、准、狠,其动作要一下一下有节奏地进行。锤击速度一般在肘挥时 40 次/min,腕挥时 50 次/min。

5.3 鏨削基本操作

5.3.1 鏨削基本姿势练习

鏨削姿势训练主要通过定点敲击和无刃口鏨削,掌握錾子和锤子的握法、挥锤方法、站立姿势等,为平面、直槽鏨削打基础。此外,通过鏨削训练,还可提高锤击的准确性,为掌握矫正、弯形和装拆机械设备打下扎实的基础。

1)如图 5-9a 所示,将"呆錾子"夹紧在台虎钳中做锤击练习。先左手不握錾子做挥锤练习，然后再握錾子做挥锤练习。要求采用松握法挥锤，达到站立位置和挥锤姿势动作基本正确的要求，并且要有较高的锤击命中率。

a)"呆錾子"锤击练习   b) 无刃口錾子练习肘挥法

图 5-9 錾削基本姿势练习

2) 如图 5-9b 所示，将长方形铁坯夹紧在台虎钳中，下面垫好木垫，用无刃口錾子对着凸肩部分进行模拟錾削的姿势训练。要求用松握法挥锤，达到站立位置、握錾子方法和挥锤姿势动作正确规范的要求，锤击力量逐步加强。

3) 当姿势动作和锤击的力量能适应实际的錾削练习时，进一步用已刃磨的錾子把长方形铁坯的凸台錾平。

5.3.2 平面錾削

1. 起錾方法

錾削平面时，如图 5-10a 所示，应采用斜角起錾的方法，即先在工件的边缘尖角处，将錾子放成 $-\theta$ 角，錾出一个斜面，然后按正常的錾削角度逐步向中间錾削。

在錾削槽时，如图 5-10b 所示，则必须采用正面起錾，即起錾时全部切削刃贴住工件錾削部位的端面，錾出一个斜面，然后按正常角度錾削。

a) 斜角起錾   b) 正面起錾

图 5-10 起錾方法

2. 正常錾削

錾削时，左手握稳錾子，眼睛注视切削刃处，右手挥锤锤击。一般应使后角 α 保持在 $5^\circ \sim 8^\circ$ 之间不变。錾削的切削深度，每次以选取 $0.5 \sim 2 \text{mm}$ 为宜。若錾削余量大于 2mm，可分几次錾削。

在錾削过程中，一般每錾削两次或三次后，可将錾子退回一些，做一次短暂的停顿，然后再将切削刃顶住錾削处继续錾削，这样既可随时观察錾削表面的平整情况，又可使手臂肌肉有节奏地得到放松。

3. 尽头錾削

如图 5-11 所示，在一般情况下，当錾削接近尽头约 15mm 时，必须调头錾去余下的部分。当錾削脆性材料时更应如此，否则，尽头处就会崩裂。

a) 正确　　　　　b) 错误

图 5-11　尽头錾削

4. 窄平面錾削

常见结构錾削方法

如图 5-12 所示，在錾削较窄平面时，錾子的切削刃最好与錾削前进方向倾斜一个角度，而不是保持垂直位置，使切削刃与工件有较多的接触面。这样，錾子容易握得稳当，否则錾子容易左右倾斜而使加工面高低不平。

5. 宽平面錾削

当錾削较宽平面时，由于切削面的宽度超过錾子的宽度，錾子切削部分的两侧被工件材料卡住，錾削十分费力，錾出的平面也不会平整。因此，一般应先用狭錾间隔开槽，然后再用扁錾錾去剩余部分。

图 5-12　窄平面錾削

6. 錾削油槽

油槽錾切削刃的形状应和图样上油槽断面形状刃磨一致。其楔角大小应根据被錾材料的性质而定。錾子的后面，其两侧应逐步向后缩小，保证錾削时切削刃上各点都能形成一定的后角，并且后面应用磨石修光，以使錾出的油槽表面光洁。在曲面上錾油槽的錾子，为保证錾削过程中的后角基本一致，其錾子前部应锻成弧形，圆弧刃口的中心点应在錾子中心线的延长线上。

在平面上錾油槽如图 5-13a 所示，起錾时錾子要慢慢地加深至尺寸要求，錾到尽头时刃口必须慢慢翘起，保证槽底圆滑过渡。在曲面上錾油槽如图 5-13b 所示，錾子的倾斜情况应随着曲面而变动，使錾削时的后角保持不变，油槽錾好后，再修去槽边毛刺。

a) 在平面上錾油槽　　　　　b) 在曲面上錾油槽

图 5-13　錾削油槽

5.4 鏨削的常见问题及其产生原因（表 5-1）

表 5-1 鏨削的常见问题及其产生原因

常见问题	产生原因
表面粗糙	1）鏨子淬火太硬刃口崩裂或刃口已变钝却还在继续使用 2）锤击力不均匀 3）鏨子头部已锤平，使受力方向经常改变
鏨削面凹凸不平	1）鏨削中，后角在一段过程中过大，造成鏨面凹 2）鏨削中，后角在一段过程中过小，造成鏨面凸
表面有梗痕	1）左手未将鏨子握稳面使鏨刃倾斜，鏨削时刃角梗入 2）鏨子刃磨时刃口磨成中凹
崩裂或塌角	1）鏨到尽头时未调头鏨，使棱角崩裂 2）起鏨量太多，造成塌角
尺寸超差	1）起鏨时尺寸不准 2）鏨削时测量、检查不及时

除以上鏨削中的常见问题外，还应该掌握以下的操作及使用方法，确保能够安全、正确地进行鏨削加工。

1）鏨子刃磨时操作者应站在砂轮机的斜侧位置，要戴好防护眼镜。使用砂轮搁架时，搁架与砂轮相距应在 3mm 以内，刃磨时对砂轮不能施加太大的压力，不允许用棉纱裹住鏨子进行刃磨。

2）鏨削时应设立防护网，以防切屑飞出伤人。鏨屑要用刷子刷掉，不得用手擦或用嘴吹。

3）鏨子头部、锤子锤击面和柄部都不应沾油，以防滑出。发现锤柄有松动或损坏时，要立即装牢或更换，以免锤体脱落造成事故。

4）鏨子头部有明显的毛刺时要及时磨掉，避免碎裂伤人。

5.5 技能训练

5.5.1 任务要求

鏨削图 5-14 所示的零件上表面的凸台。

5.5.2 任务分析

本章节的任务主要任务是鏨削掉图 5-14 所示零件上的中间凸起部分，与两边面平齐。通过鏨削操作，掌握鏨子和锤子的握法、挥锤方法、站立姿势等，为学习平面、直槽的鏨削打下基础。

通过整个鏨削工作的实施，学生可学会观察图样，并能进行基本的分析，制订合理的鏨削工艺流程；学会运用正确

图 5-14 零件图

的工具进行正确的操作，能达到技术要求并掌握錾削技能；同时，培养学生自主分析、独立动手的能力，达到预期的教学目的。

1. 零件图分析

从零件图中可以看出，零件高度方向的尺寸基准为底面，高度为23mm。图5-14中凸起部分的高度为3mm。錾削加工的内容就是将平面上凸起的部分通过錾削加工去掉。

2. 工作任务

錾削工作任务见表5-2。

表5-2　錾削工作任务

序号	具体工作任务
1	3mm凸台的錾削加工

5.5.3　任务准备

1. 资源要求

(1) 钳工实训中心（钳工工作台：1人/台）。

(2) 工艺装备。

1）工具：锤子、錾子、台虎钳等。

2）量具：钢直尺、游标卡尺。

2. 材料准备

每名同学备料一块，尺寸如图5-14所示，材料为HT200。

5.5.4　任务实施

1. 任务实施步骤

将工件夹在台虎钳中间，下面垫好垫木，如图5-15所示。按照图中所示的角度进行錾削加工，把平板上中间凸台部分錾削平。

图5-15　錾削加工

2. 操作要点

用正握法握錾子，松握法握锤，采用肘挥锤方法进行錾削加工。

3. 注意事项

錾削加工过程中要求站立姿势、握錾方法、握锤方法和挥锤动作协调。

5.5.5　任务评价

1. 錾削质量评价（表5-3）

表5-3　錾削质量评价

序号	项目	质量检测内容	配分	评分标准	实测结果	得分
1	尺寸	20mm	20	酌情扣分		
2	表面质量	錾痕整齐	20	酌情扣分		
总得分						

2. 錾削任务评价（表 5-4）

表 5-4　錾削任务评价

序号	考核项目	质量检测内容	配分	评分标准	评价结果	得分
1	加工准备 （15分）	工具、量具清单完整	10	缺1项扣1分		
		工服穿着整洁	10	酌情扣分		
		工具、量具摆放整齐	10	酌情扣分		
2	操作规范 （15分）	錾削操作正确性	10	酌情扣分		
		量具使用正确性	10	酌情扣分		
3	文明生产 （10分）	操作文明安全，工完场清	10	不符合要求不得分		
4	完成时间			每超过10min扣2分 超过30min不及格		
5	錾削质量	见表5-3	40	见表5-3		
总配分			100	总得分		

思考与练习

1. 錾削的概念是什么？錾削加工的精度如何？
2. 錾削加工可以用在什么场合？
3. 錾削主要使用哪几种工具？
4. 錾子的切削角度如何选择？
5. 挥锤方法有几种？各使用在什么场合？
6. 平面錾削的具体操作有哪些？
7. 油槽錾削的具体操作有哪些？
8. 錾削过程中有哪些常见问题？产生的原因是什么？

第6章

孔 加 工

学习目标

1. 熟知孔加工的方法、常用加工设备及复合孔加工刀具的类型。
2. 熟知标准麻花钻的结构、切削部分的几何形状及对切削加工的影响。
3. 掌握标准麻花钻修磨的部位及方法。
4. 掌握扩孔、锪孔及铰孔的加工方法及适用场合。
5. 掌握铰刀的基本结构、种类及铰孔的操作要点。
6. 掌握孔加工的方案拟订方法。

钳工加工孔的方法主要有两类：一类是用麻花钻、中心钻等在实体材料上加工出孔；另一类是用扩孔钻、锪钻或铰刀等对工件上已有的孔进行再加工。

6.1 钻孔

用钻头在实体材料上加工出孔的方法，称为钻孔。钳工钻孔时常在各类钻床上进行，常用的钻床有台式钻床、立式钻床和摇臂钻床，分别用来加工不同规格的孔。如图 6-1 所示，工件固定在钻床工作台上，钻头安装在钻床的主轴孔中，主轴带动钻头做旋转运动并进行轴向进给完成钻孔加工。钻孔过程中主轴的旋转运动是主运动，钻头沿轴向的移动是进给运动。

钻削时，钻头是在半封闭的状态下进行切削的，转速高，切削量大，排屑困难，摩擦严重，钻头易抖动，因此加工精度低，一般尺寸精度只能达到 IT11～IT10，表面粗糙度 Ra 值只能达到 50～12.5μm。因此，钻孔加工用于孔的粗加工。

6.1.1 常用的钻床

常用钻床有台式钻床、立式钻床和摇臂钻床等。

1. 台式钻床

台式钻床简称台钻，是一种安放在作业台上、主轴垂直布置的小型钻床，最大钻孔直径为 13mm，如图 6-2 所示。

台钻由机头、电动机、塔式带轮、立柱、回转工作台和底

图 6-1　钻孔

座等组成。电动机和机头上分别装有五级塔式带轮，通过改变 V 带在两个塔式带轮中的位置，可使主轴获得五种转速。机头与电动机连为一体，可沿立柱上下移动，根据钻孔工件的高度，将机头调整到适当位置后，通过锁紧手柄使机头固定后方能钻孔。回转工作台可沿立柱上下移动，或绕立柱轴线做水平转动，也可在水平面内做一定角度的转动，以便钻斜孔时使用。较大或较重的工件钻孔时，可将回转工作台转到一侧，直接将工件放在底座上，底座上有两条 T 形槽，用来装夹工件或固定夹具。在底座的四个角上有安装孔，用螺栓将其固定。

2. 立式钻床

立式钻床简称立钻。如图 6-3 所示，主轴箱和工作台安置在立柱上，主轴垂直布置。立钻的刚性好、强度高、功率较大，最大钻孔直径有 25mm、35mm、40mm 和 50mm 等几种。立钻可用来进行钻孔、扩孔、镗孔、铰孔和攻螺纹等。

图 6-2 台式钻床

1—机头 2—电动机 3—塔式带轮
4—立柱 5—底座 6—回转工作台

图 6-3 立式钻床

1—电动机 2—变速手柄 3—主轴箱
4—进给箱 5—进给手柄 6—立柱
7—工作台 8—冷却系统 9—底座

立钻由主轴箱、电动机、进给箱、立柱、工作台、底座和冷却系统等部分组成。电动机通过主轴箱驱动主轴旋转，改变变速手柄位置，可使主轴得到多种转速。通过进给箱，可使主轴得到多种进给速度。工作台上有 T 形槽，用来装夹工件或夹具。工作台能沿立柱导轨上下移动，根据钻孔工件的高度，适当调整工作台位置，然后通过压板、螺栓将其固定在立柱导轨上。底座用来安装和固定立钻，并设有油箱，为孔加工提供切削液，以保证较高的生产率和孔的加工质量。

3. 摇臂钻床

如图 6-4 所示，摇臂钻床由摇臂、主轴箱、立柱、主电动机、工作台和底座等部分组成。主电动机旋转直接带动主轴箱中的齿轮系，使主轴获得十几种转速和十几种进给速度，可实现机动进给、微量进给、定程切削和手动进给。主轴箱能在摇臂上左右移动，加工在同一平面上相互平行的孔系。摇臂在升降电动机驱动下，能够沿着立柱轴线随意升降，操作者可手拉摇臂绕立柱转360°，根据工作台的位置，将其固定在适当角度。工作台面上有多条T形槽，用来安装中、小型工件或钻床夹具。当加工大型工件时，将工作台移开，工件放在底座上加工，必要时可通过底座上的T形槽螺栓将工件固定，然后再进行孔系的加工。

4. 钻床使用注意事项

工作前，应按润滑标牌上的位置检查导轨，清除导轨污物，并在各润滑点加润滑油；低速运转；检查主轴箱的油窗，看油量是否充足；并观察各传动部位有无异常现象。

图6-4 摇臂钻床
1—主轴箱 2—主电动机 3—摇臂
4—立柱 5—工作台 6—底座

操作钻床时，严禁戴手套或垫棉纱工作；留长发者要戴工作帽；工件、夹具、刀具必须装夹牢固、可靠。

钻深孔或在铸铁件上钻孔时，要经常退刀，排除切屑，不可超规范钻削；钻通孔时，要在工件的底部垫垫板，以免钻伤工作台。

6.1.2 标准麻花钻

标准麻花钻钻头是钻孔常用工具，简称麻花钻或钻头，一般用高速工具钢制成。

1. 麻花钻的组成

麻花钻由柄部、颈部和工作部分组成，如图6-5所示。

(1) 柄部 柄部是麻花钻的夹持部分，其作用是定心和传递转矩。它有锥柄和直柄两种。

一般钻头直径小于13mm的制成直柄，如图6-5a所示；大于13mm的制成莫氏锥柄，如图6-5b所示。为防止锥柄在锥孔内产生打滑现象，锥柄的尾部制成扁尾

a) 直柄式钻头

b) 锥柄式钻头

图6-5 麻花钻

形，既增加了传递力矩，又便于钻头从主轴孔或钻套中退出。

(2) 颈部 颈部的作用是在磨削钻头时作为退刀槽使用，一般也在这个部位刻印钻头的规格、材料牌号及商标等。

(3) 工作部分 工作部分由切削部分和导向部分组成。切削部分主要起切削作用，它包括两条主切削刃和横刃。导向部分在钻孔时起引导钻头方向和修光孔的作用，同时也是切削部分的备磨部分。导向作用是靠两条沿螺旋槽高出0.5~1mm的棱边（刃带）与孔壁接触来完成的，它的直径略有倒锥，倒锥量在100mm长度内为0.03~0.12mm，其作用是减少钻

头与孔壁间的摩擦。导向部分上的两条螺旋槽，用来形成主切削刃和前角，并起着排屑和输送切削液的作用。

2. 切削部分的几何形状及对切削的影响

麻花钻头的角度和各部分名称如图6-6所示。

（1）顶角（2ϕ）　顶角为两主切削刃在其平行平面上的投影之间的夹角。

顶角的大小可根据加工条件由钻头刃磨时决定。标准麻花钻的顶角$2\phi = 118° \pm 2°$，这时两切削刃呈直线形。

顶角大小影响主切削刃上进给力的大小。顶角越小，进给力越小，有利于散热和提高钻头寿命。但顶角减小后，在相同条件下，钻头所受的扭矩增大，切屑变形加剧，排屑困难，影响切削液的注入。

a) 麻花钻的角度　　　　　　b) 麻花钻各部分名称

图6-6 麻花钻的几何形状

（2）螺旋角（ω）　螺旋角为螺旋槽上最外缘的螺旋线展开成直线后与钻头轴线的夹角。在钻头不同半径处，螺旋角的大小不相等，自外缘向中心逐渐减小。标准麻花钻$\omega = 18° \sim 30°$，直径越小，ω越小。

（3）前角（γ_o）　前角为主切削刃上任一点的前刀面与基面在正交平面上投影的夹角。前角的大小与螺旋角、顶角等有关，而影响最大的是螺旋角，螺旋角越大，前角也就越大。在整个主切削刃上，前角的大小是变化的，越靠近外缘处，前角越大，$\gamma_o = 25° \sim 30°$，靠近钻头中心$D/3$的范围内为负值。如接近横刃处的前角$\gamma_o = -30°$，在横刃上的前角γ_o为$-(54° \sim 60°)$。

前角大小决定着切削的难易程度和切屑在前刀面上的摩擦阻力大小。前角越大，切削越省力。但在钻削铜、铝等硬度较低、韧性较大的材料时，过大的前角易产生扎刀现象，反而会降低切削性能。

（4）后角（α_o）　后角是在正交平面内，主切削刃上任一点的后刀面与切削平面之间的夹角。主切削刃上各点的后角是不等的，外缘处后角最小，越近中心则越大。外缘处的后角按钻头直径大小分为：$D < 15$mm，$\alpha_o = 10° \sim 14°$；$D = 15 \sim 30$mm，$\alpha_o = 9° \sim 12°$；$D > 30$mm，$\alpha_o = 8° \sim 11°$。

钻心处的后角 $\alpha_o = 20° \sim 26°$，横刃处的后角 $\alpha_o = 30° \sim 36°$。

后角越小，钻头后刀面与工件切削表面间的摩擦越严重，切削强度越高。因此，钻硬材料时，后角可适当小些，以保证切削刃强度；钻软材料时，后角可稍大一些，以使钻削省力。

（5）横刃斜角（ψ）　横刃斜角是在垂直于钻头轴线的端面投影中，横刃和主切削刃所夹的锐角。它的大小与后角的大小密切相关。后角大时，横刃斜角相应减小，横刃变长，轴向阻力增大，钻削时不易定心。标准麻花钻的横刃斜角 $\psi = 50° \sim 55°$。

3. 标准麻花钻的缺点

1）横刃较长，横刃处前角为负值。切削中，横刃处于挤刮状态，产生很大的进给力，钻头易抖动，导致不易定心。

2）主切削刃上各点的前角大小不一样，致使各点切削性能不同。由于靠近钻心处的前角是负值，切削为挤刮状态，切削性能差，产生热量大，钻头磨损严重。

3）棱边处的副后角为零。靠近切削部分的棱边与孔壁的摩擦比较严重，易发热磨损。

4）主切削刃外缘处的刀尖角较小，前角很大，刀齿薄弱，而此处的切削速度最高，故产生的切削热最多，磨损极为严重。

5）主切削刃长且全部参与切削，增大了切屑变形，排屑困难。

4. 标准麻花钻的修磨

为改善标准麻花钻的切削性能，提高钻削效率并延长刀具寿命，通常要对其切削部分进行修磨。刃磨钻头常在砂轮机上进行，砂轮的粒度为 F46～F80，硬度为中等。一般是按钻孔的具体要求，有选择地对麻花钻进行修磨。刃磨麻花钻时，主要是刃磨两个主后刀面，同时保证后角、顶角和横刃斜角正确。刃磨后麻花钻两主切削刃对称，也就是两主切削刃和轴线成相等的角度，并且长度相等，顶角 $2\phi = 118° \pm 2°$，后角 $\alpha = 9° \sim 12°$，横刃斜角 $\psi = 50° \sim 55°$。

（1）修磨主切削刃　如图 6-7 所示，修磨主切削刃时，要将主切削刃置于水平状态，在略高于砂轮水平中心平面，钻头轴线与砂轮圆柱面素线在水平面内的夹角等于钻头顶角 2ϕ 的一半进行刃磨。

刃磨时，右手握住钻头的头部作为定位支点，并控制好钻头绕轴线的转动和加在砂轮上的压力，左手握住钻头的柄部做上下摆动。钻头绕自身的轴线转动的目的是使其整个后刀面都能磨到，上下摆动的目的是为了磨出一定的后角。两

图 6-7　修磨主切削刃

手的动作必须配合协调。由于钻头的后角在钻头的不同半径处是不相等的，因此摆动角度的大小要随后角的大小而变化；一个主切削刃磨好后，将钻头绕其轴线翻转 180°，刃磨另一主切削刃，使磨出的顶角 2ϕ 与轴线保持对称。表 6-1 列出了钻削不同材料时顶角的数据，刃磨时可参照选取。

（2）修磨横刃　磨削点大致在砂轮水平中心面上，钻与砂轮的相对位置如图 6-8a 所示。钻头与砂轮侧面构成 15°角（向左偏），与砂轮中心面构成 55°角。刃磨时，钻头刃背与砂轮圆角接触。磨削时，由外部逐渐向钻心处移动，直至磨出内刃前角，如图 6-8b 所示。修磨

中钻头略有转动，磨削量由大到小，至钻心处时应保证内刃前角 γ 和内刃斜角 τ 和横刃宽度 b。横刃长度要准确，磨削时动作要轻，防止刃口退火或钻心过薄。

表6-1 钻头顶角的选择

加工材料	顶角	加工材料	顶角
钢和铸铁	116°~118°	黄铜、青铜	130°~140°
钢锻件	120°~125°	纯铜	125°~130°
锰钢	135°~150°	铝合金	90°~100°
不锈钢		塑料	80°~90°

a) 修磨横刃的位置   b) 修磨横刃后的钻头

图6-8 横刃的修磨

（3）修磨圆弧刃 修磨时，切削刃水平放置，如图6-9所示，刃磨在砂轮中心平面上进行。钻头轴线与砂轮中心平面的夹角就是圆弧刃的后角。刃磨时，钻头不能上下摆动或平移，但可做微量移动。刃磨时应控制圆弧半径、内刃顶角、横刃斜角、外刃长度和钻头高五个参数。

（4）修磨前刀面 修磨外缘处前刀面，可以减小此处的前角，提高刀齿的强度，钻削黄铜时，可以避免"扎刀"现象，如图6-10所示。

图6-9 修磨圆弧刃

图6-10 修磨前刀面

（5）**修磨分屑槽** 在两个后刀面或前刀面上磨出几条相互错开的分屑槽，使切屑变窄，以利排屑。直径大于 15mm 的钻头都可磨出分屑槽，如图 6-11 所示。

图 6-11 修磨分屑槽

6.2 扩孔

用扩孔工具扩大工件孔径的加工方法称为扩孔，如图 6-12 所示。

由图 6-12 可知，扩孔时的背吃刀量 a_p 为

$$a_p = \frac{D - D_{底孔}}{2}$$

式中 D——扩孔后的直径（mm）；

$D_{底孔}$——扩孔前的直径（mm）。

6.2.1 扩孔的特点

1）扩孔钻无横刃，避免了横刃切削所引起的不良影响。

2）背吃刀量较小，产生的切屑体积小，切屑容易排出，不易擦伤已加工面。

3）扩孔钻强度高、齿数多（整体式扩孔钻有 3～4

图 6-12 扩孔

齿），因而导向性好、切削稳定，可使用较大切削用量（进给量一般为钻孔的 1.5～2 倍，切削速度约为钻孔的 1/2），提高了生产率。

4）加工质量较高尺寸。公差等级一般可达 IT10～IT9，表面粗糙度 Ra 值可达 12.5～3.2μm，常作为孔的半精加工及铰孔前的预加工。

6.2.2 扩孔注意事项

1）扩孔钻多用于成批大量生产。小批量生产中常用麻花钻代替扩孔钻使用，此时，应适当减小钻头前角，以防止扩孔时扎刀。

2）用麻花钻扩孔时，扩孔前钻孔直径为要求孔径的 50%～70%；用扩孔钻扩孔时，扩孔前钻孔直径为要求孔径的 90%。

3）钻孔后，在不改变工件与机床主轴相互位置的情况下，应立即换上扩孔钻进行扩孔，使钻头与扩孔钻的轴线重合，保证加工质量。

6.3　锪孔

用锪钻或锪刀刮平孔的端面或切出沉孔的方法，称为锪孔。锪孔的目的是为保证孔端面与孔轴线的垂直度，以便与孔连接的零件位置正确、连接可靠。

锪孔

根据其应用，锪钻可分为柱形锪钻、锥形锪钻和端面锪钻，分别用来锪圆柱形沉孔、圆锥形沉孔和锪平面，如图 6-13 所示。

a) 用柱形锪钻锪圆柱形沉孔　　b) 用锥形锪钻锪锥形沉孔　　c) 用端面锪钻锪凸台平面

图 6-13　锪孔的形式

锪孔时刀具容易产生振动，使所锪出的端面或锥面出现振痕，特别是使用麻花钻改制的锪钻锪孔时，振痕更为严重。为此在锪孔时应注意以下几点：

1）锪孔时的进给量为钻孔的 2~3 倍，切削速度为钻孔的 1/3~1/2。精锪时可利用停机后的主轴惯性来锪孔，以减少振动而获得光滑表面。

2）使用麻花钻改制锪钻时，尽量选用较短的钻头，并适当减小后角和外缘处前角，以防止扎刀和减少振动。

3）锪钢件时，应在导柱和切削表面间加注切削液进行润滑。

6.4　铰孔

铰孔

用铰刀从工件孔壁上切除微量金属层，以提高尺寸精度和减小表面粗糙度的方法，称为铰孔。铰刀是精度较高的多刃刀具，具有切削余量小、导向性好、加工精度高等特点。一般尺寸公差等级可达 IT9~IT7，表面粗糙度 Ra 值可达 3.2~0.8μm。

6.4.1　铰刀

1. 铰刀的组成

铰刀（以整体式圆柱铰刀为例）由柄部和刀体部分组成，如图 6-14 所示。刀体是铰刀的主要工作部分,它包含导锥、切削锥和校准部分。导锥用于铰刀引入孔中,不起切削作用;切削锥承担主要的切削任务;校准部分有圆柱刃带,主要起定向、修光孔壁、保证铰孔直径等作用。为了减小铰刀和孔壁的摩擦,校准部分直径有倒锥度。铰刀齿数一般为 4~8 齿,为测量直径方便,多采用偶数齿。

图 6-14 整体式圆柱铰刀

2. 铰刀的种类

铰刀常用高速工具钢或高碳钢制成,使用范围较广,其分类、结构特点及应用见表 6-2。铰刀的基本类型如图 6-15 所示。

表 6-2 铰刀的分类、结构特点及应用

分类		结构特点及应用
按使用方法	手用铰刀	柄部为方榫形,以便铰杠套入。其工作部分较长,切削锥角较小
	机用铰刀	工作部分较短,切削锥角较大
按结构	整体式圆柱铰刀	用于铰削标准直径系列的孔
	可调式手用铰刀	用于单件生产和修配工作中需要铰削的非标准孔
按外部形状	直槽铰刀	用于铰削普通孔
	锥铰刀 1:10 锥铰刀	用于铰联轴器上与锥销配合的锥孔
	莫氏锥铰刀	用于铰削 0~6 号莫氏锥孔
	1:30 锥铰刀	用于铰削套式刀具上的锥孔
	1:50 锥铰刀	用于铰削圆锥定位销孔
	螺旋槽铰刀	适于铰削有键槽的内孔
按切削部分材料	高速钢铰刀	用于铰削各种碳素钢或合金钢
	硬质合金铰刀	用于高速或硬材料铰削

a) 直柄机用铰刀

b) 锥柄机用铰刀

c) 硬质合金锥柄机用铰刀

d) 手用铰刀

e) 可调节手用铰刀

f) 螺旋槽手用铰刀

g) 直柄莫氏圆锥铰刀

h) 手用1:50锥铰刀

图 6-15　铰刀的基本类型

6.4.2　铰削余量

铰削余量是指上道工序完成后，在直径方向上留下的加工余量。

铰削余量既不能太大也不能太小。余量太大，会使刀齿切削负荷增大、变形增大，使铰出的孔尺寸精度降低，表面粗糙度值增大，同时加剧铰刀磨损。余量太小，上道工序的残留变形难以纠正，原有刀痕不能去除，铰削质量达不到要求。通常应考虑到孔径大小、材料软硬、尺寸精度、表面粗糙度要求、铰刀类型及加工工艺等多种因素进行合理选择。一般粗铰余量为 0.15~0.35mm，精铰余量为 0.1~0.2mm。

铰削时一般要使用适当的切削液，以减少摩擦、降低工件与刀具温度，防止产生积屑瘤及工件和铰刀的变形或孔径扩大现象。

6.4.3　铰孔的操作要点

1）工件要夹正，两手用力要均衡，铰刀不得摇摆，按顺时针方向扳动铰杠进行铰削，避免在孔口处出现喇叭口或将孔径扩大。

2）手铰时，要变换每次的停歇位置，以消除铰刀常在同一处停歇而造成的振痕。

3）铰孔时，不论进刀还是退刀时都不能反转，以防止铰刀刃口磨钝及切屑卡在刀齿后刀面与孔壁之间，将孔壁划伤。

4）铰削钢件时，要注意经常清除粘在刀齿上的切屑。

5）铰削过程中如果铰刀被卡住，不能用力扳转铰刀，以防损坏；而应取出铰刀，待清除切屑，加注切削液后再进行铰削。

6）机铰时，应使工件一次装夹进行钻、扩、铰，以保证孔的加工位置。铰孔完成后，要等铰刀退出后再停机，以防将孔壁拉出痕迹。

7）铰尺寸较小的圆锥孔时，可先以小端直径按圆柱孔精铰余量钻出底孔，然后用锥铰刀铰削。对尺寸和深度较大的圆锥孔，为减小切削余量，铰孔前可先钻出阶梯孔，如图6-16所示；然后再用锥铰刀铰削，铰削过程中要经常用相配的锥销来检查铰孔尺寸，如图6-17所示。

图6-16 钻阶梯孔

图6-17 用锥销检查铰孔尺寸

6.5 孔加工方案及复合刀具

6.5.1 孔加工方案

以上介绍了钳工孔加工的常用方法、原理以及可达到的精度和表面粗糙度。但在实际生产中，要满足孔表面的设计要求，只用一种加工方法一般是达不到的，因此往往采用由几种加工方法顺序组合的形式来满足加工需要，即选用合理的加工方案。

选择孔的加工方案时，一般应考虑工件材料、热处理要求、孔的加工精度和表面粗糙度以及生产条件等因素。孔加工方案选择见表6-3。

表6-3 孔加工方案选择

序号	加工方案	公差等级	表面粗糙度 $Ra/\mu m$	使用范围
1	钻	IT12~IT11	12.5	加工未淬火钢、铸铁的实心毛坯及有色金属，孔径小于20mm
2	钻—铰	IT9~IT8	3.2~1.6	
3	钻—粗铰—精铰	IT8~IT7	1.6~0.8	
4	钻—扩	IT11~IT10	12.5~6.3	加工未淬火钢、铸铁的实心毛坯及有色金属，孔径大于20mm
5	钻—扩—铰	IT9~IT8	3.2~1.6	
6	钻—扩—粗铰—精铰	IT7	1.6~0.8	
7	钻—扩—机铰—手铰	IT7~IT6	0.4~0.1	

6.5.2 孔加工复合刀具

孔加工复合刀具是由两把或两把以上同类或不同类的孔加工刀具组合成一体，同时或按先后顺序完成不同工步加工的刀具。应用孔加工复合刀具，可以使工序集中，节省基本和辅助时间,各加工表面间的位置精度容易保证,因而可以提高生产率,降低成本。

按工艺类型,孔加工复合刀具可分为同类工艺复合刀具和不同类工艺复合刀具两种,如图6-18和图6-19所示。

a) 复合钻　　　　　　　　　　b) 复合扩孔钻

c) 复合铰刀

图 6-18　同类工艺复合刀具

a) 钻—扩复合刀具　　　　　　　　　b) 钻—扩—铰复合刀具

c) 钻—扩—锪复合刀具

图 6-19　不同类工艺复合刀具

6.6　技能训练

6.6.1　任务要求

对图6-20所示的零件进行钻孔加工。

技术要求
1. 未注尺寸的极限偏差为±0.1。
2. 去毛倒棱。

$\sqrt{Ra\,3.2}$

图 6-20　零件图

6.6.2 任务分析

本章节的任务是学习钻孔加工操作，学会按照图样的要求使用台钻完成钻孔加工。

通过整个钻孔加工的实施，学生可学会观察图样，并能进行基本的分析，制订合理的钻孔加工工艺流程；学会运用正确的工具进行正确的操作，能达到技术要求并掌握钻孔操作技能；同时，培养学生自主分析、独立动手的能力，达到预期的教学目的。

1. 零件图分析

从零件图中可以看出，零件为对称结构，在两侧各有一个阶梯孔。阶梯孔的尺寸分别为 $\phi11mm$ 和 $\phi7mm$。$\phi11mm$ 孔的深度为 7mm，$\phi7mm$ 孔为通孔。左右两孔的中心距要求较高，为（55±0.15）mm。表面粗糙度为 $Ra3.2\mu m$，未注尺寸的极限偏差为±0.1mm。

2. 工作任务

钻孔加工工作任务见表 6-4。

表 6-4 钻孔加工工作任务

序号	具体工作任务
1	2×$\phi7mm$ 孔
2	2×$\phi11mm$ 孔，孔深 7mm
3	孔中心距（55±0.15）mm

6.6.3 任务准备

1. 资源要求

1）钳工实训车间（台钻：5 人/台）。

2）工艺装备。

① 工具：$\phi7mm$ 钻头、$\phi11mm$ 平底钻头、机用虎钳、扳手、样冲、锤子、划针等。

② 夹具：机用虎钳。

③ 量具：游标卡尺、钢直尺、游标高度卡尺。

2. 材料准备

每名同学备料一块，材料为 HT200。毛坯已完成外形加工，除孔未加工外，其他部分的结构如图 6-20 所示。

6.6.4 任务实施

1. 任务实施步骤

1）在工件上按图样要求进行孔加工前的划线、检验。

2）在孔中心即划线中心打上样冲眼。

3）用机用虎钳装夹工件，保持孔表面水平。

4）用 $\phi7mm$ 的钻头在工件上钻孔并钻通，保证钻孔过程中孔中心保持竖直方向。

5）用 $\phi11mm$ 的钻头先扩孔 2~3mm，然后再用 $\phi11mm$ 的平底钻进行阶梯孔加工，保证孔深尺寸。

6）去除毛刺。

2. 操作要点

1）通过划线钻孔时，应先将钻头对准中心样冲眼钻一浅窝，然后检查钻孔中心是否准确。若有偏心，应重新打一个较大的样冲眼后再钻，以保证钻孔中心的位置精度。

2）手动进给时，进给力不可过大。当孔将要钻穿时，必须减小进给力，以防止折断钻头或使工件转动造成事故。

3）钻阶梯孔时应先用 $\phi 11$mm 的钻头引入一下，然后再用 $\phi 11$mm 的平底钻，预防振动。

3. 注意事项

1）在钻削过程中，特别钻深孔时，要经常退出钻头以排出切屑和进行冷却，否则可能因切屑堵塞或钻头过热使钻头磨损甚至折断，并影响加工质量。

2）钻削时可以根据情况使用切削液。钻削钢件时常用润滑油或乳化液；钻削铝件时常用乳化液或煤油；钻削铸铁时则用煤油。

6.6.5　任务评价

1. 钻孔加工质量评价（表6-5）

表6-5　钻孔加工质量评价

序号	项目	质量检测内容	配分	评分标准	实测结果	得分
1	尺寸	2×$\phi 7$mm	15	超差0.01mm扣2分		
		2×$\phi 11$mm	15	超差0.01mm扣2分		
2	位置	(55±0.15)mm	15	超差0.01mm扣2分		
3	表面粗糙度	表面粗糙度符合技术要求	15	酌情扣分		
		总得分				

2. 钻孔任务评价（表6-6）

表6-6　钻孔任务评价

序号	考核项目	质量检测内容	配分	评分标准	评价结果	得分
1	加工准备（15分）	工具、量具清单完整	5	缺1项扣1分		
		工服穿着整洁	5	酌情扣分		
		工具、量具摆放整齐	5	酌情扣分		
2	操作规范（15分）	钻孔操作正确性	8	酌情扣分		
		量具使用正确性	7	酌情扣分		
3	文明生产（10分）	操作文明安全，工完场清	10	不符合要求不得分		
4	完成时间			每超过10min扣2分 超过30min不及格		
5	钻削质量	见表6-5	60	见表6-5		
	总配分		100	总得分		

思考与练习

1. 钻孔的概念是什么？常用的钻孔设备有哪些？
2. 钻床使用有哪些注意事项？
3. 标准麻花钻由哪几部分组成？钻头的主要角度有哪些？对加工各有哪些影响？
4. 标准麻花钻有哪些缺点？
5. 标准麻花钻修磨的主要部位有哪些？
6. 扩孔的特点及注意事项有哪些？
7. 锪孔时应注意哪些问题？
8. 铰刀由哪几部分组成？各部分都有哪些结构？
9. 铰孔的操作要点有哪些？
10. 孔加工方案如何制订？试举例说明。

第7章

螺 纹 加 工

学习目标

1. 熟知螺纹的种类和主要参数。
2. 熟知攻螺纹及套螺纹的工具、构造及主要参数。
3. 掌握螺纹底孔直径的确定和加工方法。
4. 掌握攻螺纹的操作方法、注意事项、常见问题及产生原因。
5. 掌握套螺纹前圆杆直径的确定。
6. 掌握套螺纹的操作方法、注意事项、常见问题及产生原因。

螺纹的加工方法有很多，钳工在装配与机修工作中常用的加工方法是攻螺纹和套螺纹。用丝锥在工件孔中切削出内螺纹的加工方法称为攻螺纹；用板牙在圆杆上切出外螺纹的加工方法称为套螺纹。

7.1 螺纹的种类和用途

在圆柱或圆锥表面上，沿着螺旋线所形成的具有规定牙型的连续凸起称为螺纹。如图 7-1 所示，在圆柱或圆锥外表面上所形成的螺纹称为外螺纹；在圆柱或圆锥内表面上所形成的螺纹称为内螺纹。

a) 内螺纹   b) 外螺纹

图 7-1 螺纹的类型

7.1.1 螺纹的种类

螺纹的种类很多，有标准螺纹、特殊螺纹和非标准螺纹。钳工加工的螺纹多为三角形螺纹，常用的螺纹制式有以下几种：

1. 米制螺纹

米制螺纹也叫普通螺纹，螺纹牙型角为 60°，分粗牙普通螺纹和细牙普通螺纹两种。粗牙普通螺纹主要用于连接；细牙普通螺纹由于螺距小，螺旋升角小，自锁性好，除用于承受冲击、振动或变载的连接处，还用于调整机构。普通螺纹应用广泛，具体规格参看国家标准。

2. 寸制螺纹

寸制螺纹的牙型角有 55°、60° 两种，在我国只用于进口设备修配，新产品不使用。

3. 管螺纹

管螺纹是用于管道连接的一种寸制螺纹，管螺纹的公称直径为管子的内径。

4. 圆锥管螺纹

圆锥管螺纹也是用于管道连接的一种寸制螺纹，牙型角有 55° 和 60° 两种，锥度为 1∶16。

7.1.2　螺纹的用途

常用标准螺纹的种类和用途见表 7-1。

表 7-1　常用标准螺纹的种类和用途

螺纹类型		名称及代号		用　途
三角形螺纹	普通螺纹	粗牙	M16-6g	应用极广，用于各种紧固件连接件
		细牙	M30×2-6g	用于薄壁件连接或受冲击、振动及微调机构
	寸制螺纹		3/16	牙型有 55°、60° 两种，用于进口设备维修备件
常用螺纹	55°密封管螺纹	圆柱内螺纹	Rp 3/4	用于水、油、气和电线管路系统
		与圆柱内螺纹相配的圆锥外螺纹	R₁ 3/4	
		圆锥内螺纹	Rc 1½	适用于高温高压结构的管子、管接头的螺纹密封
管螺纹		与圆锥内螺纹相配的圆锥外螺纹	R₂ 1½	
	60°密封管螺纹		NPT3/8	用于气体或液体管路的螺纹连接
	梯形螺纹		Tr32×6-7H	广泛用于传力或螺旋传动中
	锯齿形螺纹		B70×10	用于单向受力的连接

7.2　螺纹的主要参数

1. 螺纹牙型

在通过螺纹轴线的剖面上，螺纹的轮廓形状称为螺纹牙型。按规定削去原始三角形的顶部和底部所形成的内、外螺纹共有部分所形成的理论牙型称为基本牙型，如图 7-2 所示，基本牙型有三角形、矩形、梯形、锯齿形等。

2. 螺纹大径

螺纹大径是代表螺纹公称尺寸的直径，外螺纹是指牙顶的直径，内螺纹是指牙底的直径。

3. 螺纹旋向

螺纹的旋向分左旋和右旋。将螺纹轴线竖直放置，观察螺纹外表面轮廓线，轮廓线向左上方倾斜的为左旋螺纹，向右上方倾斜的为右旋螺纹。螺纹的旋向判别如图7-3所示。常用的螺纹都是右旋螺纹。

图7-2　普通螺纹的基本牙型

a) 右旋　　b) 左旋

图7-3　螺纹的旋向判别

4. 螺纹线数

螺纹线数是指在同一圆柱面上切削螺纹的条数。只切削一条的称为单线螺纹；切削两条的称为双线螺纹。通常把切削两条以上的称为多线螺纹。

5. 螺距和导程

相邻两牙在相同点上所对应的轴向距离称为螺距。导程为同一条螺旋线上相邻两牙对应两点间的距离。单线螺纹螺距和导程相同；多线螺纹的螺距等于导程除以线数。

螺纹的牙型、大径和螺距称为螺纹三要素，凡三要素符合标准的螺纹称为标准螺纹。凡螺纹的线数和旋向没有特别注明，则都是单线右旋螺纹。

6. 螺纹旋合长度

两个相互配合的螺纹沿螺纹轴线方向相互旋合部分的长度，称为螺纹旋合长度。

7. 螺纹标记

螺纹标记主要由螺纹特征代号、尺寸代号、公差带代号、螺纹旋合长度代号和旋向代号等组成。普通螺纹的特征代号用字母"M"表示；尺寸代号为"公称直径×螺距"（粗牙可省略标注螺距项）；公差带代号包含中径公差带代号和顶径公差带带号；对旋合长度为短组和长组螺纹，宜在公差带代号后分别标注"S"和"L"代号；当螺纹为左旋时，在螺纹标记的最后加"LH"，螺纹为右旋时，不标注。如M20表示公称直径为20mm的右旋粗牙普通螺纹，螺纹旋合长度为中等组。M20×1.5-5h6h-S-LH表示公称直径为20mm、螺距为1.5mm的左旋细牙普通外螺纹，中径公差带为5h，大径公差带为6h，螺纹旋合长度为短组。

7.3　攻螺纹工具

7.3.1　丝锥

丝锥是加工内螺纹的刀具，它分手用丝锥和机用丝锥两种。按其牙型可分为普通螺纹丝锥、圆柱管螺纹丝锥和圆锥螺纹丝锥等。普通螺纹丝锥又有粗牙和细牙、左旋和右旋之分等。

手用丝锥一般用碳素工具钢或合金工具钢经热处理淬硬后制成，机用丝锥通常用高速工具钢制成。

1. 丝锥的构造

丝锥的结构如图7-4所示，由工作部分和柄部等组成，工作部分又包括切削部分和校准部分。

丝锥沿轴向开有几条容屑槽，以形成切削部分锋利的切削刃，起切削作用。丝锥切削部分前角 $\gamma_o = 8° \sim 10°$，后角铲磨成 $\alpha_o = 6° \sim 8°$，前端磨出切削锥角，切削负荷分布在几个刀齿上，使切削省力，便于切入。丝锥校准部分有完整的牙型，用来修光和校准已切出的螺纹，并引导丝锥沿轴向前进。其后角 $\alpha_o = 0°$。

为了适应不同工件材料，丝锥切削部分前角可按表7-2适当增减。

图 7-4 丝锥的构造

表 7-2 丝锥前角的选择

被加工材料	铸青铜	铸铁	硬钢	黄铜	中碳钢	低碳钢	不锈钢	铝合金
前角	0°	5°	5°	10°	10°	15°	15°~20°	20°~30°

丝锥的校准部分也称定径部分，用来确定螺孔的直径及修光螺纹，并引导丝锥沿轴向前进，是丝锥的备磨部分，其后角 $\alpha_o = 0°$。为了减少所攻螺纹的扩张量和校准部分与螺孔的摩擦，校准部分的大径、中径、小径均有 $(0.05 \sim 0.12)/100$ 的倒锥。

丝锥的柄部做成方榫结构，用以夹持和传递转矩。丝锥的规格标志也刻印在柄部。

2. 成组丝锥切削用量

为了减少切削力和延长使用寿命，一般将整个切削工作量分配给几支丝锥来担当。通常 M6~M24 的丝锥及细牙螺纹丝锥为每组有两支；M6 以下及 M24 以上的丝锥每组有三支；在成组丝锥中，每支丝锥的切削用量分配有以下两种方式：

(1) 锥形分配 如图7-5a所示，一组丝锥中，每支丝锥的大径、中径、小径都相等，只是切削部分的切削锥角及长度不等。锥形分配切削量的丝锥也叫等径丝锥。当攻制通孔螺纹时，用初锥一次切削即可加工完毕，中锥、底锥则很少使用。一般 M12 以下的丝锥采用锥形分配。一组丝锥中，每支丝锥磨损很不均匀。由于初锥能一次攻削成形，切削厚度大，切屑变形严重，加工表面表面粗糙度值大。

(2) 柱形分配 如图7-5b所示，柱形分配切削量的丝锥也叫不等径丝锥，即第一粗锥、第二粗锥的大径、中径、小径都比精锥小。这种丝锥的切削量分配比较合理，三支一套的丝锥按 6:3:1 分担切削量，两支一套的丝锥按 7.5:2.5 分担切削量，切削省力，各锥磨损量差别小，使用寿命较长。由于螺纹孔径多次切削成形，切削厚度小，切屑变形量也小，因此加工表面的表面粗糙度值较小。一般 M12 以上的丝锥多属于这一种。

a) 锥形分配

b) 柱形分配

图 7-5 丝锥的构造

7.3.2 铰杠

铰杠是手动攻螺纹时用来夹持丝锥的工具。铰杠有普通铰杠和丁字铰杠两种。

普通铰杠有固定铰杠和活铰杠两种。固定铰杠的结构如图 7-6a 所示,铰杠的方孔尺寸和柄长与丝锥直径成比例关系,使丝锥的受力不会过大,丝锥不易被折断,一般用于攻 M5 以下的螺纹孔;活铰杠的结构如图 7-6b 所示,活铰杠可以调整方孔尺寸,应用范围较广。活铰杠有 150~600mm 六种规格,其适用范围见表 7-3。

a) 固定铰杠　　　　　　　　　　b) 活铰杠

图 7-6 普通铰杠

表 7-3 活铰杠的适用范围

活铰杠规格/mm	150	230	280	380	580	600
适用的丝锥范围	M5~M8	M8~M12	M12~M14	M14~M16	M16~M22	M24 以上

丁字铰杠配有一个较长的垂直扭杆,如图 7-7 所示,它适用于攻制带有台阶的螺纹孔或攻制机体内部位置比较深的螺纹孔。丁字铰杠也分为固定铰杠和活铰杠。小型丁字活铰杠是一个可调节的四爪弹簧夹头,一般用于装 M6 以下的丝锥。大尺寸的丁字铰杠一般都是固定式的,它通常按实际需要定制。

a) 活铰杠　　　　b) 固定铰杠

图 7-7 丁字铰杠

7.4　螺纹底孔直径的确定和加工

7.4.1　不同材料对螺纹底孔直径的影响

丝锥切削内螺纹时，会对材料产生挤压作用，塑性材料和脆性材料挤压后的现象是不一样的，因此，同样直径的螺纹需要钻的底孔直径大小也是不同的。塑性材料的底孔直径必须大于螺纹标准规定的螺纹小径，这样攻螺纹时，挤压出的金属就能填满螺纹槽，形成完整的螺纹；脆性材料攻螺纹时，金属不会被挤出，因此底孔直径要比塑性材料的底孔小一些，否则，螺纹高度不够，会影响螺纹的强度。

7.4.2　螺纹底孔直径的确定

螺纹已经标准化了，只需根据工件的材料和螺距的大小查表 7-4，即可确定螺纹底孔直径。

表 7-4　常用的粗牙、细牙普通螺纹底孔用钻头直径　　　　　　（单位：mm）

螺纹直径 D	螺距 P	钻头直径 D_Z		螺纹直径 D	螺距 P	钻头直径 D_Z	
		灰铸铁、青铜、黄铜	钢、可锻铸铁、纯铜			灰铸铁、青铜、黄铜	钢、可锻铸铁、纯铜
2	0.4	1.6	1.6	12	1.75	10.1	10.2
	0.25	1.75	1.75		1.5	10.4	10.5
3	0.5	2.5	2.5		1.25	10.6	10.7
	0.35	2.65	2.65		1	10.9	11
4	0.7	3.3	3.3	14	2	11.8	12
	0.5	3.5	3.5		1.5	12.4	12.5
5	0.8	4.1	4.2		1	12.9	13
	0.5	4.5	4.5	16	2	13.8	14
6	1	4.9	5		1.5	14.4	14.5
	0.75	5.2	5.2		1	14.9	15
8	1.25	6.6	6.7	18	2.5	15.3	15.5
	1	6.9	7		2	15.8	16
	0.75	7.1	7.2		1.5	16.9	17
10	1.5	8.4	8.5	20	2.5	17.3	17.5
	1.25	8.6	8.7		2	17.8	18
	1	8.9	9		1.5	18.4	18.5
	0.75	9.1	9.2		1	18.9	19

7.4.3　加工螺纹底孔的要求

1）螺纹底孔直径公差应符合国家标准。

2）底孔的表面粗糙度 Ra 值应小于 $6.3\mu m$。

3）底孔的中心线应垂直于零件端面及轴线。

4）底孔孔口应倒角。

5）攻不通螺纹底孔时，底孔深度要大于需要的螺纹深度。其深度计算公式为

$$H_{钻} = h_{有效} + 0.7D$$

式中　$H_{钻}$——底孔深度（mm）；

　　　$h_{有效}$——螺纹有效深度（mm）；

　　　D——螺纹大径（mm）。

攻螺纹

7.5　攻螺纹操作

7.5.1　手动攻螺纹

手动攻螺纹因为操作方便、灵活，适应各种工作条件，因此在钳工生产与维修中得到了广泛的应用。

手动攻螺纹时应注意以下事项：

1）装夹工件时，应尽量使底孔轴线处于铅垂或水平位置，以便在攻螺纹过程中，随时判断丝锥的行进方向，避免丝锥跑偏。

2）攻螺纹前，应先在底孔孔口处倒角，以利于丝锥进入。

3）丝锥刚开始进入最为关键，如图 7-8a 所示，要尽量将丝锥放正，然后对丝锥施加适当压力和扭力，当丝锥切入 $1\sim2$ 圈时，要仔细观察和校正丝锥的轴线方向，重要的螺纹孔要用直角尺在丝锥的两个相互垂直的平面内测量，以保证丝锥的行进方向正确，如图 7-8b 所示。

a) 起始方法　　　　　　b) 检查方法　　　　　　c) 攻制过程

图 7-8　攻螺纹的方法

4）当丝锥旋入 $3\sim4$ 圈后，检查、校准丝锥的位置正确无误后，如图 7-8c 所示，只需继续转动铰杠，丝锥则自然攻入工件。此时要注意，不能再对丝锥施加向下的压力，否则螺纹牙型将被破坏。

5）在后继攻螺纹过程中，丝锥每转1/2圈至1圈时，丝锥就要倒转1/2圈，目的是将切屑切断并挤出。尤其是攻螺纹较深时，更要勤向后转，以利排屑。

6）在攻螺纹中，若感到很费力，切不可强行转动，可用中锥与初锥交替进行攻螺纹。有时攻螺纹攻到中途，丝锥无法进退，这时应设法用小钢丝和压缩空气将切屑清除并加上润滑油，可将铰杠降至孔口处将丝锥夹住，小心地退出丝锥。

7）当要更换一只丝锥时，一定要用手先将丝锥旋入至不能再旋入时，再改用铰杠夹持继续工作，这样可避免施加丝锥上的压力不均匀或晃动而乱牙。

8）在塑性材料上攻螺纹时，要加机油或切削液润滑，以改善螺纹孔表面的加工质量，减小切削阻力，延长丝锥的使用寿命。

7.5.2 断锥后的处理

攻螺纹时，若丝锥断裂在螺孔中，可用以下方法取出：

1）首先把孔中的切屑清除干净，以免阻碍断丝锥取出。

2）若丝锥在孔口或靠近孔口处断裂，可用狭錾或冲头等抵到断丝锥的一侧容屑槽中，顺着退出的切线方向轻轻敲击，必要时，再向逆方向敲击，这样反、正方向交替敲击，便可松动断裂的丝锥，将断丝锥退出。

3）若丝锥在孔口内断裂，可以用带方榫的废丝锥拧上两个螺母，用适当粗的数条钢丝穿过螺母，插入断丝锥的容屑槽中，然后用扳手按退出方向拧动方榫，即可将断丝锥退出。

4）若断丝锥露在孔外，可焊一六角螺母，用扳手拧动螺母便可旋出断丝锥。

7.5.3 丝锥的修磨

当丝锥切削部分磨损或切削刃崩牙时，应刃磨后再使用。先将损坏部分磨掉，再磨出后角，如图7-9所示，要把丝锥竖起来刃磨，手的转动要平稳、均匀。刃磨后的丝锥，各对应处的锥角大小要相等，切削部分长度要一致。

图7-9 修磨丝锥后刀面

图7-10 修磨丝锥前刀面

当丝锥校准部分磨损时，可刃磨前刀面使刃口锋利，如图7-10所示，刃磨时，丝锥在棱角修圆的片状砂轮上做轴向运动，整个前刀面要均匀磨削，并控制好角度。注意冷却，防止丝锥刃口退火。

7.6 攻螺纹的常见问题及其产生原因（表 7-5）

表 7-5 攻螺纹的常见问题及其产生原因

常见问题	产生原因
乱牙	1) 螺纹底孔直径太小, 丝锥不易切入, 使孔口烂牙 2) 换用中锥、底锥时, 与已切出的螺纹没有旋合好就强行攻削 3) 对塑性材料未加切削液或丝锥不经常倒转, 而把已切出的螺纹啃伤 4) 初锥攻螺纹不正, 用中锥、底锥时强行纠正 5) 丝锥磨钝或切削刃有粘屑 6) 丝锥铰杠掌握不稳, 攻铝合金等强度较低的材料时, 容易被切烂牙
滑牙	1) 攻不通孔时, 丝锥已到底仍继续扳转 2) 在强度较低的材料上攻较小螺纹时, 丝锥已切出螺纹仍继续加压, 或攻完退出时用铰杠转出
螺孔攻歪	1) 丝锥位置不正 2) 机攻时丝锥与螺孔轴线不同轴
螺纹牙深不够	1) 攻螺纹前底孔直径太大 2) 丝锥磨损
丝锥崩牙或折断	1) 工件材料中夹有硬物等杂质 2) 断屑排屑不良, 产生切屑堵塞现象 3) 丝锥位置不正, 单边受力太大或强行纠正 4) 两手用力不均 5) 丝锥磨钝, 切削阻力太大 6) 底孔直径太小 7) 攻不通孔螺纹时丝锥已到底仍继续扳转 8) 攻螺纹时用力过猛

7.7 套螺纹的工具

套螺纹的工具有板牙和板牙架。

套螺纹

7.7.1 板牙

板牙是加工外螺纹的工具, 由切削部分、校准部分和排屑孔组成。如图 7-11 所示, 板牙的外形像一个圆螺母。

1. 切削部分

切削部分在板牙两端, 都有切削锥, 可以两面使用。切削锥不是圆锥面, 而是经过铲磨而成的阿基米德螺旋面, 能形成后角 $\alpha = 7° \sim 9°$。板牙锥角的大小一般是 $2\phi = 40° \sim 50°$。板牙前角数值沿切削刃变化, 小径处的前角 γ_d 最大, 大径处的前角 γ_{do} 最小, 如图 7-12 所示, 一般 $\gamma_{do} = 8° \sim 12°$, 粗牙 $\gamma_d = 30° \sim 35°$, 细牙 $\gamma_d = 25° \sim 30°$。

板牙由碳素工具钢或高速工具钢制作并经淬火处理制成。

图 7-11　圆板牙

图 7-12　圆板牙前角变化

2. 校准部分

板牙的校准部分起修光和导向作用。校准部分会因为磨损使螺纹尺寸变大，超出尺寸公差范围。因此，如图 7-11 所示，M3.5 以上的圆板牙外圆上有一条 V 形槽和四个紧定螺钉锥孔，其中，上面两个紧定螺钉孔的轴线不通过板牙的轴线，有一定的向下偏移，是起调节作用的。当板牙的校准部分由于磨损而尺寸变大时，可将板牙沿 V 形槽用锯片砂轮切割出一条通槽，用板牙架上的两个调整螺钉顶入板牙上面的两个偏心的锥孔内，使圆板牙的尺寸缩小。下面两个紧定螺钉孔的轴线通过板牙的轴线，是用来将圆板牙固定在板牙架中用来传递力矩的。

3. 排屑孔

如图 7-11 所示，在板牙上面钻有几个排屑孔用于排屑。

圆柱管螺纹板牙与普通螺纹板牙相似，只是单面有切削锥。圆锥螺纹的板牙工作时，所有切削刃都参加切削，切削费力，因其切削的轴向长度影响锥螺纹的尺寸，所以套圆锥螺纹时，要经常检查已攻螺纹的轴向长度，只要相配件旋入后满足要求即可，不能太长。

7.7.2　板牙架

板牙架是装夹板牙的工具，如图 7-13 所示，在板牙架的侧面有紧定螺钉，用于固定板牙。板牙架的规格与丝锥的铰杠类似，依据不同的板牙外径，配有长度不同的板牙架。

图 7-13　板牙架

7.8　套螺纹前圆杆直径的确定和套螺纹的方法及注意事项

7.8.1　套螺纹前圆杆直径的确定

套螺纹与攻螺纹的切削过程相同，因此，套螺纹前的圆杆直径应稍小于螺纹大径的尺寸。螺纹已经标准化了，只需根据螺纹的公称直径和螺距的大小查表 7-6，即可确定螺纹圆杆的直径。

表 7-6 板牙套螺纹时圆杆的直径

螺纹直径/mm	螺距/mm	螺杆直径/mm		螺纹直径/in	螺杆直径/mm	
		最小直径	最大直径		最小直径	最大直径
				粗牙普通螺纹		寸制螺纹
M6	1	5.8	5.9	1/4	5.9	6
M8	1.25	7.8	7.9	5/16	7.4	7.6
M10	1.5	9.75	9.85	3/8	9	9.2
M12	1.75	11.75	11.9	1/2	12	12.2
M14	2	13.7	13.85	5/8	15.2	15.4
M16	2	15.7	15.85	3/4	18.3	18.5
M18	2.5	17.7	17.85	7/8	21.4	21.6
M20	2.5	19.7	19.85	1	24.5	24.8
M22	2.5	21.7	21.85	1?	30.7	31
M24	3	23.65	23.8	1?	37	37.3

7.8.2 套螺纹的方法及注意事项

套螺纹前，如图 7-14a 所示，圆杆端部应倒锥角形成圆锥体，最小直径要小于螺纹小径，以便板牙切入，要求螺纹端部不出现锋利的端口。圆杆应衬木板或其他软垫，在台虎钳中夹紧。套螺纹部分伸出应尽量短，其圆杆最好沿铅垂方向放置。

套螺纹开始时，如图 7-14b 所示，要将板牙放正，其轴线应与圆杆轴线重合，然后转动板牙架并施加轴向力，压力要均匀，转动要慢，同时，要在圆杆的前、后、左、右方向观察板牙是否歪斜。待板牙旋入工件切出螺纹时，只需转动板牙架，不施加压力。为了断屑，板牙转动一圈左右要倒转 1/2 圈进行排屑。

a) 圆杆端部倒角　　　　b) 用力方法

图 7-14 套螺纹的方法

在钢件上套螺纹要加切削液，以保证螺纹质量，延长板牙的使用寿命，使切削省力。

7.9　套螺纹的常见问题及其产生原因（表 7-7）

表 7-7　套螺纹的常见问题及其产生原因

常见问题	产生原因
乱牙	1）圆杆直径太大 2）板牙磨钝 3）板牙没有经常倒转，切屑堵塞把螺纹啃坏 4）铰杠掌握不稳，板牙左右摇摆 5）板牙歪斜太多而强行修正 6）板牙切削刃上粘有切削瘤 7）没有选用合适的切削液
螺纹歪斜	1）圆杆端面倒角不好，板牙位置难以放正 2）两手用力不均匀，铰杠歪斜
螺纹牙深不够	1）圆杆直径太小 2）板牙 V 形槽调节不当，直径太大

7.10　技能训练

7.10.1　任务要求

加工图 7-15 所示的螺纹。

技术要求
1.未注倒角C1。
2.去毛倒棱。

图 7-15　零件图

7.10.2　任务分析

本章节的任务主要是学习螺纹加工技能，练习攻螺纹时保证丝锥和大平面垂直度要求的方法。同时，学习计算螺纹底孔直径和深度的方法。通过本任务的学习和训练以及整个攻螺纹操作的实施，学生可学会观察图样，并能进行基本的分析，制订合理的划线工艺流程；学会运用正确的工具进行正确的操作，能达到技术要求并掌握螺纹加工技能；同时，培养学生自主分析、独立动手的能力，达到预期的教学目的。

1. 零件图分析

从零件图中可以看出，该螺纹为不通孔螺纹，形状为普通三角形内螺纹。螺纹尺寸为M8，两个螺纹孔中心的间距为（55±0.15）mm。

2. 工作任务

攻螺纹工作任务见表7-8。

表7-8 攻螺纹工作任务

序号	具体工作任务
1	加工 2×M8mm 螺纹
2	孔口倒角

7.10.3 任务准备

1. 资源要求

1）钳工实训中心（钳工工作台：1人/台）。

2）工艺装备。

① 工具：M8丝锥、铰杠、划针。

② 量具：钢直尺、游标高度卡尺、游标卡尺、刀口形直尺和直角尺。

2. 材料准备

每名同学备料一块，材料为HT200。

7.10.4 任务实施

1. 任务实施步骤

1）划线：以底面上长度和宽度为基准，划出 M8 的螺纹加工线。

2）打样冲眼：用样冲在划出的两个 M8 螺纹中心线上打样冲眼。

3）钻孔：用 φ6.6mm 的钻头在工件底面上两个 M8 螺纹中心线上钻底孔。控制中心距为（55±0.15）mm，控制钻孔深度为 12mm。

4）倒角：在钻孔的孔口进行倒角，具体为 C1，以利于丝锥的定位和切入。

5）攻螺纹：用 M8 丝锥在底孔上攻出两个 M8 螺纹。

6）修毛刺，清洁。

2. 操作要点

1）攻螺纹前螺纹底孔口要倒角，通孔螺纹两端孔口都要倒角。这样可使丝锥容易切入，并防止攻螺纹后孔口的螺纹崩裂。

2）攻螺纹前，工件的装夹位置要正确，应尽量使螺纹孔轴线位于水平或垂直位置，其目的是攻螺纹时便于判断丝锥是否垂直于工件平面。

3）开始攻螺纹时，应把丝锥放正，用右手掌按住铰杠中部沿丝锥中心线用力加压，此时左手配合做顺向旋进；或两手握住铰杠两端平衡施加压力，并将丝锥顺向旋进，保持丝锥轴线与孔轴线重合，不能歪斜。当切削部分切入工件 1~2 圈时，用目测或用直角尺检查和校正丝锥的位置。当切削部分全部切入工件时，应停止对丝锥施加压力，只需平稳地转动铰杠，靠丝锥上的螺纹自然旋进。

4）为了避免切屑过长咬住丝锥，攻螺纹时应经常将丝锥反方向转动 1/2 圈左右，使切屑碎断后容易排出。

5）攻不通孔螺纹时，要经常退出丝锥，排除孔中的切屑。当将要攻到孔底时，更应及时排出孔底积屑，以免攻到孔底丝锥被轧住。

6）退出丝锥时，应先用铰杠带动螺纹平稳地反向转动，当能用手直接旋动丝锥时，应停止使用铰杠，以防铰杠带动丝锥退出时产生摇摆和振动，影响螺纹表面质量。

7）在攻螺纹过程中，换用另一支丝锥时，应先用手握住丝锥使其旋入已攻出的螺纹孔中，直到用手旋不动时，再用铰杠进行攻螺纹。

8）攻塑性材料的螺纹时，要加切削液。一般用润滑油或浓度较大的乳化液，要求高的螺孔也可用植物油或二硫化钼等。

3. 注意事项

1）认真检查底孔，选择合适的底孔钻头将孔扩大后再攻螺纹。
2）先用手将中锥旋入螺孔内，使初锥、中锥的轴线重合。
3）保证丝锥与底孔的轴线一致，操作中两手用力均衡，偏斜太多不要强行借正。
4）应准确选用切削液。
5）起削时要使丝锥与工件端平面垂直，要注意检查与校正。
6）攻螺纹前注意检查底孔，如砂眼太大不宜攻螺纹。
7）要始终保持两手用力均衡，不要摆动。
8）要正确计算与选择攻螺纹底孔直径与钻头直径。

7.10.5 任务评价

1. 螺纹加工质量评价（表 7-9）

表 7-9 螺纹加工质量评价

序号	项目	质量检测内容	配分	评分标准	实测结果	得分
1	尺寸	2×M8	20	酌情扣分		
		倒角 C1	15	酌情扣分		
		(55±0.15) mm	15	酌情扣分		
2	表面粗糙度	表面粗糙度符合技术要求	10	酌情扣分		
		总得分				

2. 螺纹加工任务评价（表 7-10）

表 7-10 螺纹加工任务评价

序号	考核项目	质量检测内容	配分	评分标准	评价结果	得分
1	加工准备（15分）	工具、量具清单完整	5	缺1项扣1分		
		工服穿着整洁	5	酌情扣分		
		工具、量具摆放整齐	5	酌情扣分		

(续)

序号	考核项目	质量检测内容	配分	评分标准	评价结果	得分
2	操作规范 (15分)	起攻操作正确性	8	酌情扣分		
		攻螺纹操作正确性	7	酌情扣分		
3	文明生产 (10分)	操作文明安全,工完场清	10	不符合要求不得分		
4	完成时间			每超过10min扣2分 超过30min不及格		
5	螺纹质量	见表7-9	60	见表7-9		
	总配分		100	总得分		

思考与练习

1. 螺纹的种类及主要参数是什么?
2. 攻螺纹的工具有哪些?丝锥的结构和主要参数是什么?
3. 不同材料对螺纹底孔直径有何影响?
4. 加工螺纹底孔有什么要求?
5. 手动攻螺纹有哪些注意事项?
6. 丝锥断锥后如何处理?
7. 丝锥可否修磨?如何进行修磨?
8. 攻螺纹有哪些常见问题?产生原因是什么?
9. 套螺纹的工具有哪些?板牙由哪几部分组成?
10. 套螺纹前圆杆直径如何确定?
11. 套螺纹有哪些注意事项?
12. 套螺纹有哪些常见问题?产生原因是什么?

附　录

		钻孔至10mm.10之分 误差30min不及格				尺寸精度	4
5		误差7-9	60		表面粗糙度	
		总得分	100		总得分	

附录A　工具钳工国家职业标准（节选）

1. 职业概况

1.1　职业名称

工具钳工。

1.2　职业定义

操作钳工工具、钻床等设备，进行刃具、量具、模具、夹具、索具、辅具等（统称工具，也称工艺装备）的零件加工和修整，组合装配，调试与修理的人员。

1.3　职业等级

本职业共设五个等级，分别为：初级（国家职业资格五级）、中级（国家职业资格四级）、高级（国家职业资格三级）、技师（国家职业资格二级）、高级技师（国家职业资格一级）。

1.4　职业环境

室内，常温。

1.5　职业能力特征

具有一定的学习、表达和计算能力，具有一定的空间感、形体知觉及较敏锐的色觉，手指、手臂灵活，动作协调。

1.6　基本文化程度

初中毕业。

1.7 培训要求

1.7.1 培训期限

全日制职业学校教育，根据其培养目标和教学计划确定。晋级培训期限：初级不少于 500 标准学时；中级不少于 400 标准学时；高级不少于 300 标准学时；技师不少于 300 标准学时；高级技师不少于 200 标准学时。

1.7.2 培训教师

培训初、中、高级工具钳工的教师应具有本职业技师以上职业资格证书或本专业中级以上专业技术职务任职资格；培训技师的教师应具有本职业高级技师职业资格证书或本专业高级专业技术职务任职资格；培训高级技师的教师应具有本职业高级技师职业资格证 2 年以上或本专业高级专业技术职务任职资格。

1.7.3 培训场地设备

满足教学需要的标准教室和具有 $80m^2$ 以上的面积，且能安排 8 个以上工位，有相应的设备及必要的工具、量具，采光、照明、安全等设施符合作业规范的场地。

1.8 鉴定要求

1.8.1 适用对象

从事或准备从事本职业的人员。

1.8.2 鉴定方式

分为理论知识考试和技能操作考核。理论知识考试采用闭卷笔试方式，技能操作考核采用现场实际操作方式。理论知识考试和技能操作考核均实行百分制，成绩皆达 60 分以上者为合格。技师、高级技师鉴定还须进行综合评审。

1.8.3 考评人员与考生配比

理论知识考试考评人员与考生配比为 1∶20，每个标准教室不少于 2 名考评人员；技能操作考核考评人员与考生配比为 1∶3，且不少于 3 名考评员。

1.8.4 鉴定时间

理论知识考试时间不少于 120min；技能操作考核时间为 120~360min；论文答辩时间不少于 45min。

1.8.5 鉴定场所设备

理论知识考试在标准教室进行；技能操作考核在具备必要的工具及设备的工艺装备制造车间进行。

2. 基本要求

2.1 职业道德

2.1.1 职业道德基本知识

2.1.2 职业守则

1）遵守法律、法规和有关规定。

2）爱岗敬业，具有高度的责任心。

3）严格执行工作程序、工作规范、工艺文件和安全操作规程。

4）工作认真负责，团结协作。

5）爱护设备及工具、夹具、刀具、量具。

6）着装整洁，符合规定；保持工作环境清洁有序，文明生产。

2.2 基础知识

2.2.1 基础理论知识

1）识图知识。

2）公差与配合。

3）常用金属材料及热处理知识。

4）常用非金属材料知识。

2.2.2 机械加工基础知识

1）机械传动知识。

2）机械加工常用设备知识（分类、用途、基本结构及维护保养方法）。

3）金属切削常用刀具知识。

4）典型零件（主轴、箱体、齿轮等）的加工工艺。

5）设备润滑及切削液的使用知识。

6）气动及液压知识。

7）工具、夹具、量具使用与维护知识。

2.2.3 钳工基础知识

1）划线知识。

2）钳工操作知识（錾、锉、锯、钻、铰孔、攻螺纹、套螺纹）。

2.2.4 电工知识

1）通用设备和常用电器的种类及用途。

2）电气传动及控制原理基础知识。

3）安全用电知识。

2.2.5 安全文明生产与环境保护知识

1）现场文明生产要求。

2）安全操作与劳动保护知识。

3）环境保护知识。

2.2.6 质量管理知识

1）企业的质量方针。

2）岗位的质量要求。

3）岗位的质量保证措施与责任。

2.2.7 相关法律、法规知识

1）劳动法相关知识。

2）合同法相关知识。

附录 B　工具钳工中级工理论知识试卷

一、单项选择题（第 1 题～第 60 题。选择一个正确的答案，将相应的字母填入题内的括号中。每题 1 分，满分 60 分。）

1. 包括一组图形、必要的尺寸、必要的技术要求、零件序号和明细栏、标题栏五项内容的图样是（　　）。
    A. 零件图　　　　B. 装配图　　　　C. 展开图　　　　D. 示意图

2. 标注几何公差代号时，几何公差项目符号应填写在几何公差框格左起（　　）。
    A. 第一格　　　　B. 第二格　　　　C. 第三格　　　　D. 任意

3. 三视图的投影规律是（　　）。
    A. 长相等、高相等、宽相等
    C. 长对正、高平齐、宽相等
    B. 长对正、高对正、宽对正
    D. 长相等、高平齐、宽对正

4. 国标规定螺纹的牙底用（　　）。
    A. 粗实线　　　　B. 细实线　　　　C. 虚线　　　　D. 点画线

5. 内径千分尺的活动套筒转动一圈，测微螺杆移动（　　）。
    A. 1mm　　　　B. 0.5mm　　　　C. 0.01mm　　　　D. 0.001mm

6. 两组导轨在水平面内的（　　）误差，可用方框水平仪检查。
    A. 垂直度　　　　B. 平行度　　　　C. 线轮廓度　　　　D. 跳动

7. 形状公差项目符号是（　　）。
    A. ◎　　　　B. ⊥　　　　C. —　　　　D. ∥

8. 机械传动是采用带轮、齿轮、轴等机械零件组成的传动装置来进行（　　）的传递。
    A. 运动　　　　B. 动力　　　　C. 速度　　　　D. 能量

9. 带传动是依靠传动带与带轮之间的（　　）来传动的。
    A. 作用力　　　　B. 张紧力　　　　C. 摩擦力　　　　D. 弹力

10. 冬季应当采用黏度（　　）的油液。
    A. 较低　　　　B. 较高　　　　C. 中等　　　　D. 不做规定

11. 规定（　　）的磨损量 VB 作为刀具的磨损限度。
    A. 主切削刃　　　　B. 前刀面　　　　C. 后刀面　　　　D. 切削表面

12. 磨削加工砂轮的旋转运动是（　　）运动。
    A. 工作　　　　B. 磨削　　　　C. 进给　　　　D. 主

13. 长方体工件定位，在止推基准面上应分布（　　）支承点。
    A. 一个　　　　B. 两个　　　　C. 三个　　　　D. 四个

14. 要使楔块夹紧机构具有自锁作用，楔块斜面升角（　　）摩擦角。
    A. 大于　　　　B. 小于　　　　C. 等于　　　　D. 大于或小于

15. 关于熔丝的正确说法是（　　）。
    A. 只要在线路中安装熔丝，不论其规格如何都能起保险作用
    B. 选择额定电流小的熔丝总是有利无弊的

C. 只有选用适当规格的熔丝，才能既保证电路工作又起保险作用

D. 可用同样粗细的铜丝来代替铅锑熔丝

16. 改善低碳钢的切削加工性，应采用（　　　）处理。

    A. 正火   B. 退火   C. 回火   D. 淬火

17. 采用无心外圆磨床加工的零件一般会产（　　　）误差。

    A. 直线度   B. 平行度   C. 平面度   D. 圆度

18. 扁錾正握，其头部伸出约（　　　）mm。

    A. 5   B. 10   C. 20   D. 30

19. 标准群钻的形状特点是三尖七刃（　　　）。

    A. 两槽   B. 三槽   C. 四槽   D. 五槽

20. 在钻壳体与其配合衬套之间骑缝螺纹底孔时，由于两者材料不同，孔中心的样冲眼要打在（　　　）。

    A. 略偏于硬材料一边   B. 略偏于软材料一边

    C. 两材料中间   D. 衬套上

21. （　　　）由于螺距小、螺旋升角小自锁性好，除用于承受冲击振动或变载的连接处，还用于调整机构。

    A. 粗牙螺纹   B. 管螺纹   C. 细牙螺纹   D. 矩形螺纹

22. 粗刮时，显示剂要调得（　　　）。

    A. 干些   B. 稀些   C. 不干不稀   D. 稠些

23. 研磨的基本原理包含着物理和（　　　）的综合作用。

    A. 化学   B. 数学   C. 科学   D. 哲学

24. 矫直棒料时，为消除因弹性变形所产生的回翘可（　　　）一些。

    A. 适当少压   B. 用力小

    C. 用力大   D. 使其反向弯曲塑性变形

25. 板料在宽度方向上的弯曲，可利用金属材料的（　　　）。

    A. 塑性   B. 弹性   C. 延伸性能   D. 导热性能

26. 在一般情况下，为简化计算，当 $r/t \geqslant 8$ 时，中性层系数可按（　　　）计算。

    A. $X_0 = 0.3$ B. $X_0 = 0.4$ C. $X_0 = 0.5$ D. $X_0 = 0.6$

27. 选择弹簧材料主要根据弹簧的（　　　）、承受负荷的种类等要求选取。

    A. 受力   B. 工作条件   C. 长度   D. 大直径

28. 组成装配尺寸链至少有增环、减环和（　　　）。

    A. 组成环   B. 环   C. 封闭环   D. 装配尺寸

29. 编制（　　　）的方法首先是对产品进行分析。

    A. 工艺卡片   B. 工序卡片   C. 工艺过程   D. 工艺规程

30. 螺纹装配包括（　　　）装配。

    A. 普通螺纹   B. 特殊螺纹

    C. 双头螺栓   D. 双头螺栓和螺母、螺钉

31. 在（　　　）圆形或方形布置的成组螺母时，必须对称地进行。

    A. 安装   B. 松开   C. 拧紧   D. 装配

32. 装配（　　）时，用涂色法检查键上、下表面与轴和毂槽接触情况。
    A. 紧键　　　　　B. 松键　　　　　C. 花键　　　　　D. 平键

33. 更换键是（　　）磨损常采取的修理办法。
    A. 楔键　　　　　B. 定位键　　　　C. 键　　　　　　D. 平键

34. （　　）一般靠过盈固定在孔中，用于定位和连接。
    A. 圆柱销　　　　B. 圆锥销　　　　C. 销　　　　　　D. 销边销

35. 销连接有（　　）连接和圆锥销连接两类。
    A. 圆销　　　　　B. 圆柱销　　　　C. 削边销　　　　D. 扇形销

36. 当过盈量及配合尺寸较大时，常采用（　　）装配。
    A. 压入法　　　　B. 冷缩法　　　　C. 温差法　　　　D. 爆炸法

37. 轮齿的（　　）应用涂色法检查。
    A. 啮合位置　　　B. 接触斑点　　　C. 齿侧间隙　　　D. 接触精度

38. 齿轮传动中，为增加接触面积，改善啮合质量，在保留原齿轮传动副的情况下，采取（　　）措施。
    A. 刮削　　　　　B. 研磨　　　　　C. 锉削　　　　　D. 加载磨合

39. 齿轮在轴上固定，当要求配合（　　）很大时，应采用液压套合法装配。
    A. 间隙　　　　　B. 过盈量　　　　C. 过渡　　　　　D. 精度

40. 蜗杆的轴线应在蜗轮轮齿的（　　）。
    A. 对称中心平面内　　　　　　　　　B. 垂直平面内
    C. 倾斜平面内　　　　　　　　　　　D. 不在对称中心平面内

41. 蜗杆传动机构的装配顺序应根据具体情况而定，一般应先装（　　）。
    A. 蜗轮　　　　　B. 蜗杆　　　　　C. 轴承　　　　　D. 密封环

42. （　　）的装配技术要求要连接可靠、受力均匀，不允许有自动松脱现象。
    A. 牙嵌离合器　　　　　　　　　　　B. 摩擦离合器
    C. 凸缘联轴器　　　　　　　　　　　D. 十字沟槽联轴器

43. （　　）装配时，首先应在轴上装平键。
    A. 牙嵌离合器　　B. 摩擦离合器　　C. 滑块联轴器　　D. 凸缘联轴器

44. 用涂色法检查离合器两圆锥面的接触情况时，色斑分布情况（　　）。
    A. 靠近锥顶　　　　　　　　　　　　B. 靠近锥底
    C. 靠近中部　　　　　　　　　　　　D. 在整个圆锥表面上

45. 剖分式滑动轴承常用定位销和轴瓦上的（　　）来止动。
    A. 凸台　　　　　B. 沟槽　　　　　C. 销、孔　　　　D. 螺纹孔

46. 剖分式滑动轴承的轴承合金损坏后，可采用（　　）的办法，并经机械加工修复。
    A. 重新浇注　　　B. 更新　　　　　C. 去除损坏处　　D. 补偿损坏处

47. 液体静压轴承是用油泵把高压油送到轴承间隙里，（　　）形成油膜。
    A. 即可　　　　　B. 使得　　　　　C. 强制　　　　　D. 终于

48. 装在退卸套上的轴承，先将（　　）卸掉，然后用退卸螺母将退卸套从轴承圈中拆出。
    A. 锁紧螺母　　　B. 箱体　　　　　C. 轴　　　　　　D. 外圈

49. 为了提高主轴的回转精度，轴承内圈与主轴装配及轴承外圈与箱体孔装配时，常采用（　　）的方法。

    A. 过盈配合　　　　　B. 过渡配合　　　　　C. 定向装配　　　　　D. 严格装配

50. 形状复杂，精度较高的刀具应选用的材料是（　　）。

    A. 不锈钢　　　　　B. 高速工具钢　　　　　C. 硬质合金　　　　　D. 碳素钢

51. 使用锉刀时，不能（　　）。

    A. 推锉　　　　　B. 双手锉　　　　　C. 来回锉　　　　　D. 单手锉

52. 点火提前呈（　　）状态时，气体膨胀压力将阻碍活塞向上运动，使汽油机有效功率减小。

    A. 过大　　　　　B. 过小　　　　　C. 适中　　　　　D. 等于零

53. 设备修理、拆卸时一般应（　　）。

    A. 先拆内部、上部　　　　　B. 先拆外部、下部
    C. 先拆外部、上部　　　　　D. 先拆内部、下部

54. 对于形状（　　）的静止配合件拆卸可用拉拔法。

    A. 复杂　　　　　B. 不规则　　　　　C. 规则　　　　　D. 简单

55. 造成机件热变形的主要因素是机械表面层存在（　　）。

    A. 应力　　　　　B. 摩擦热　　　　　C. 切削热　　　　　D. 温差

56. 丝杠螺母运动机构只有一个螺母时，使螺母和丝杠始终保持（　　）。

    A. 双向接触　　　　　B. 单向接触　　　　　C. 单向或双向接触　　　　　D. 三向接触

57. 泡沫灭火机不应放在（　　）。

    A. 室内　　　　　B. 仓库内　　　　　C. 高温地方　　　　　D. 消防器材架上

58. 使用锉刀时，不能（　　）。

    A. 推锉　　　　　B. 双手锉　　　　　C. 来回锉　　　　　D. 单手锉

59. 钻床钻孔时，机床（　　）不准捏停钻夹头。

    A. 停稳　　　　　B. 未停稳　　　　　C. 变速时　　　　　D. 变速前

60. 利用起动设备将电压适当（　　）后加到电动机定子绕组上进行起动，待起动完毕后，再使电压恢复到额定值，这叫降压起动。

    A. 提高　　　　　B. 降低或提高　　　　　C. 降低　　　　　D. 调整

二、判断题（第61题～第100题。将判断结果填入括号中。正确的填"√"，错误的填"×"。每题1分，满分40分。）

61. （　　）局部剖视图用波浪线作为剖与未剖部分的分界线，波浪线的粗细是粗实线粗细的1/3。

62. （　　）公称尺寸不同的孔、轴相互结合也构成配合。

63. （　　）液压传动以油液作为工作介质，依靠密封容积变化的机械能来传递动力。

64. （　　）液压系统中各元件均为标准件，故不会有漏油现象，传动比也可保持准确。

65. （　　）在钻床钻孔时，钻头的旋转运动是主运动。

66. （　　）钻床夹具有固定式、回转式、移动式、盖板式和翻转式。

67. （　　） 零件经渗碳后，表面即可得到很高的硬度及良好的耐磨性。

68. （　　） 常用的退火方法有完全退火、球化退火和去应力退火等。

69. （　　） 大型工件划线时，如果没有长的钢直尺，可用拉线代替，没有大的直角尺则可用线坠代替。

70. （　　） 划线时，都应从划线基准开始。

71. （　　） 錾削时，錾子所形成的切削角度有前角、后角和楔角，三个角之和为 90°。

72. （　　） 锉刀由锉身和锉柄两部分组成。

73. （　　） 选择锉刀尺寸规格，取决于加工余量的大小。

74. （　　） 锯路就是锯条在工件上锯过的轨迹。

75. （　　） 工件一般应夹在台虎钳的左面，以便操作。

76. （　　） 钻小孔时，应选择较大的进给量和较低的转速。

77. （　　） 开始攻螺纹时，应先用中锥起攻，然后用初锥整形。

78. （　　） 在圆杆上套 M10 螺纹时，圆杆直径可选为 9.75～9.85mm。

79. （　　） 平面刮刀淬火后，在砂轮上刃磨时，必须注意冷却防止退火。

80. （　　） 粗刮的目的是刮掉大部分刮削余量，为细刮和精刮奠定基础。

81. （　　） 研具材料比被研磨的工件硬。

82. （　　） 产品装配的常用方法有完全互换装配法、选择装配法、修配装配法和调整装配法。

83. （　　） 产品的装配工艺过程包括装配前的准备工作和装配工作。

84. （　　） 制订装配工艺规程的原则有保证产品装配质量、合理安排装配工序及尽可能少占车间的生产面积。

85. （　　） 分度头主要有壳体、壳体中的鼓形回转体、主轴分度机构和分度盘等组成。

86. （　　） 分度头的分度原理，若手柄心轴上的螺杆为双线，主轴上蜗轮齿数为 40，当手柄转过一周，分度头主轴便转动 1/20 周。

87. （　　） 立式钻床的主要部件包括主轴箱、主轴、进给箱和齿条。

88. （　　） 立钻 Z525 的主轴转速为 97～1360r/min，分 9 级。

89. （　　） 过盈连接装配后，孔的直径被压缩轴的直径胀大。

90. （　　） 带轮相互位置不准确会引起带张紧不均匀而过快磨损，对中心距较大的用长直尺测量。

91. （　　） 带传动机构使用一段时间后 V 带陷入槽底，这是因轴弯曲损坏而造成的。

92. （　　） 链传动中，链的下垂度以 0.2L（L 为两链轮中心距）为宜。

93. （　　） 内燃机配气机构分测量气门式和顶置气门式配气机构两种。

94. （　　） 螺旋传动机构是将螺旋运动变换为曲线运动。

95. （　　） 用检验棒校正丝杠螺母副平行度误差时，为消除检验棒在各支承孔中的安装误差，可将检验棒转过 180° 后再测一次取其平均值。

96. （　　） 操作钻床时，不能戴眼镜。

97. （　　） 危险品仓库应设办公室。

98. （　　） 钳工工作场地必须清洁整齐，物品摆放有序。

99.（　　）熔断器的作用是保护电路。

100.（　　）工业企业在计划期内生产的符合质量的工业产品实物量叫产品产量。

附录 C　工具钳工中级工操作技能试卷

注意事项：

1. 请考生仔细阅读试题的具体考核要求，并按要求完成操作。

2. 操作技能考核时要遵守考场纪律，服从考场管理人员指挥，以保证考核安全顺利进行。

3. 本题分值：100 分。

4. 考核时间：240min。

正方拼块试题

技术要求：

1. 以件一为基准配作件二。

2. 配合互换间隙≤0.06mm。

3. 翻转配合错位量≤0.04mm。

钳工中级工技能操作考核评分记录表

考件编号：　　　　　　姓名：　　　　　　学号：　　　　　　得分：　　　　　

序号	考核项目	评分要素	配分	评分标准	检测结果	扣分	得分	备注
1	锉削	(45±0.02)mm(2 处)	8	一处超差 0.02mm 扣 2 分				
		15mm(2 处)	6	一处不合格扣 3 分				
		135°±4′(2 处)	10	一处超差 5′扣 2.5 分				

（续）

序号	考核项目	评分要素	配分	评分标准	检测结果	扣分	得分	备注
1	锉削	（55±0.05）mm（2处）	8	一处超差0.02mm扣2分				
		⊥ | 0.06 | A	10	超差0.02扣5分				
		▱ | 0.06	10	超差0.02扣5分				
		$Ra3.2\mu m$（12处）	10	每处每降一级扣1分				
2	配合	（55±0.05）mm（2处）	10	每处超差0.02mm扣2.5分				
		配合互换间隙≤0.06mm（6处）	18	每处超差0.02mm扣1.5分				
		翻转错位量≤0.04mm	10	每处超差0.02mm扣2.5分				
3	现场考核	工具、量具使用正确,清理现场,安全文明操作		工具、量具使用错一件从总分扣1分,未清理现场扣5分,每违反一项规定从总分中扣5分,严重违规停止操作				
4	考核时限	在规定时间内完成		超时停止操作				
	合计		100					

参 考 文 献

[1] 杨晓斌. 钳工实训项目化教程 [M]. 北京：化学工业出版社，2016.

[2] 明岩. 钳工实训指导书 [M]. 北京：中国广播电视大学出版社，2005.

[3] 王国玉，苏全卫. 钳工技术项目教程 [M]. 北京：外语教学与研究出版社，2011.

[4] 刘林. 机械钳工技能实训指导书 [M]. 北京：中国铁道出版社，2008.

[5] 汤勇杲. 钳工技能项目教程 [M]. 北京：机械工业出版社，2014.

[6] 孙德英，金海新. 钳工技能实训指导教程 [M]. 北京：机械工业出版社，2014.

[7] 人力资源和社会保障部教材办公室. 钳工工艺学 [M]. 5 版. 北京：中国劳动社会保障出版社，2014.